清新 & 可愛

小刺繡圖案 300+

一起來繡花朵·
小動物·日常雜貨吧！

Contents

享受小刺繡帶來的樂趣
p.4

東歐風の
可愛主題圖案
p.10

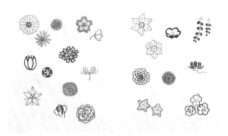

北歐風の
時髦圖案
p.11

怦然心動的花朵
p.12-13

優雅大方の植物
p.14-15

動物園の明星
p.16

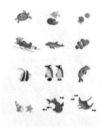

水族館の明星
p.17

森林裡の動物
p.18

可愛の小鳥
p.19

討人喜愛の狗狗
p.20

隨心所欲の貓咪
p.21

我家の寵物
p.22

休閒時間
p.23

最喜歡の甜點
p.24

幸福の午茶時光
p.25

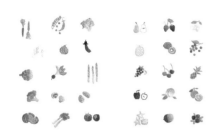

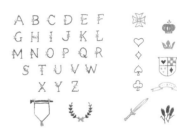

繡線（COSMO繡線）
刺繡布（Classy麻布）提供

㈱ LECIEN・・・TEL 0120-817-125（通話免費）
http:／／www.lecien.co.jp

材料・用具提供

アドガー工業㈱・・・TEL 048-927-4821　　http:／／www.adger.co.jp／
植村㈱（INAZUMA）・・・TEL 075-415-1001　　http:／／www.inazuma.biz／
㈱KAWAGUCHI・・・TEL 03-3241-2101　　http:／／www.kwgc.co.jp／
CLOVER㈱・・・TEL 06-6978-2277　　http:／／www.clover.co.jp／

享受小刺繡帶來的樂趣

將P.10起所介紹的圖案，
繡在平常生活中使用的物品上，
享受刺繡帶來的樂趣吧！

1

作法
P.70

繡有北極熊、海豚和企鵝的手提包。
建議依自己的想法將喜歡的圖案自由組合構圖。

圖案⋯P.16・17
把手提供⋯植村（INAZUMA）
設計・製作⋯田丸かおり

作法

P.71

圖案…P.32
設計・製作…田丸かおり

2

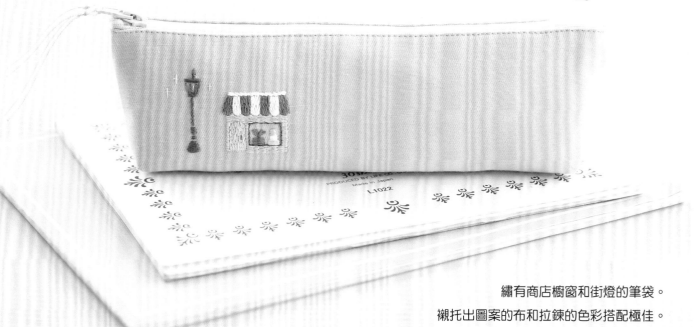

繡有商店櫥窗和街燈的筆袋。
襯托出圖案的布和拉鍊的色彩搭配極佳。

3

把繡有可愛兔子的布，
縫在市售的零錢包上。

作法

P.70

圖案…P.18
零錢包…KAWAGUCHI
設計・製作…渡部友子

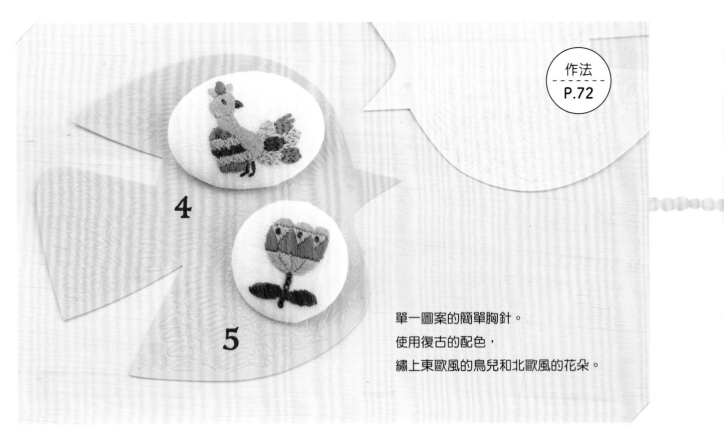

作法
P.72

4

5

單一圖案的簡單胸針。
使用復古的配色，
繡上東歐風的鳥兒和北歐風的花朵。

圖案…P.10・11
圓形鈕釦・胸針套組…CLOVER
設計・製作…uzum

作法
P.73

6

在男性襯衫上添加圖案。
適合男性的圖案，
除了熱氣球等交通工具，
還可以使用動物、建築物、高爾夫……
與所有者興趣相關的圖案也OK！

圖案…P.33
設計・刺繡…田丸かおり

作法 P.73

7

繡上銀荊和古典玫瑰的束口袋。
可以作為化妝包，收納化妝品。

圖案…P.14・15
設計・製作…渡部友子

8

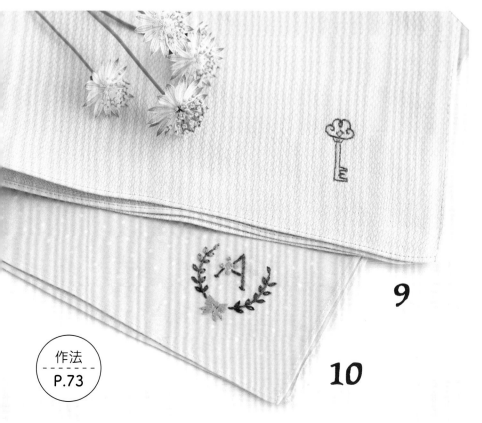

9

10

作法 P.73

在手帕的一角繡上小刺繡。
9的圖案為鑰匙，
10是英文字母搭配外框。

圖案…P.36・37
設計・刺繡…あべまり

圖案…P.25
設計・製作…tam-ram

作法
P.74

茶壺套果然最適合
繡上茶具的圖案。
感覺喝茶時光
都變得時髦了。

11

圖案…P.24・25
設計・製作…tam-ram

作法
P.71

搭配蛋糕和茶杯的圖案,再把點心放在桌墊上。
明亮的色調相當吸引人。

12

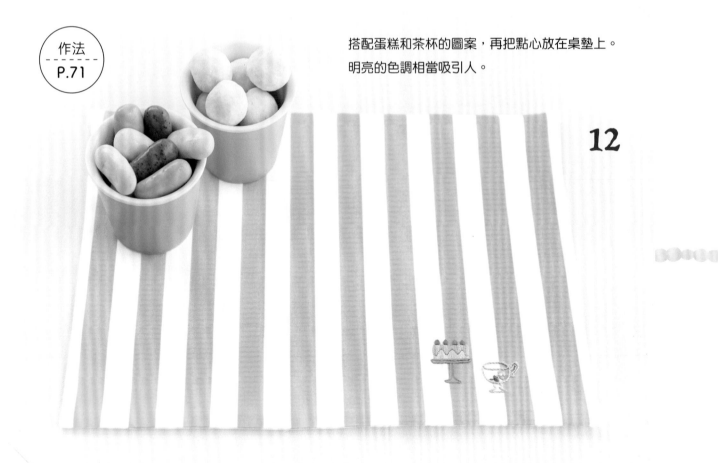

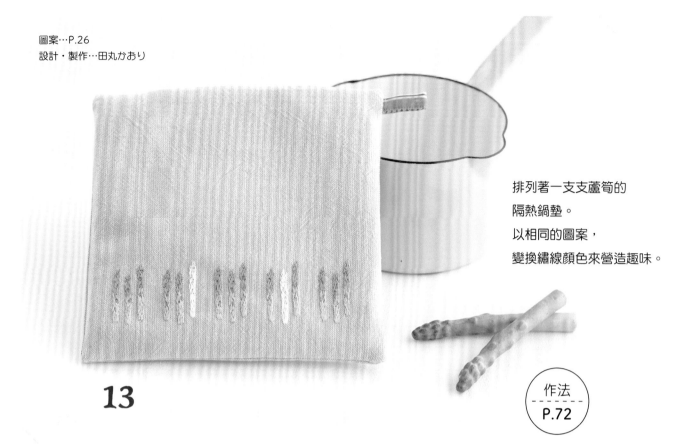

圖案…P.26
設計・製作…田丸かおり

13

排列著一支支蘆筍的
隔熱鍋墊。
以相同的圖案，
變換繡線顏色來營造趣味。

作法
P.72

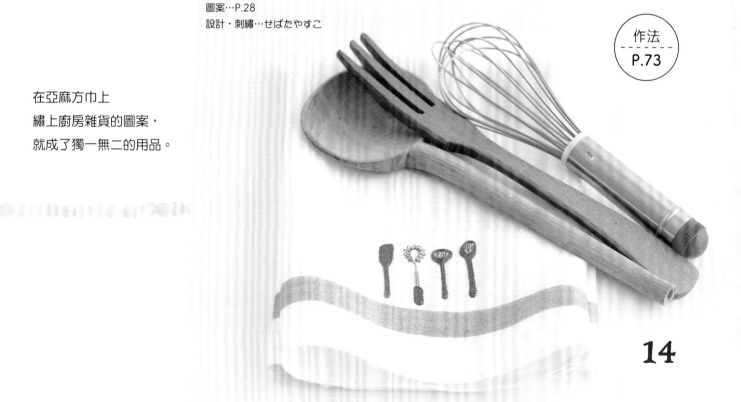

圖案…P.28
設計・刺繡…せばたやすこ

作法
P.73

在亞麻方巾上
繡上廚房雜貨的圖案，
就成了獨一無二的用品。

14

東歐風の可愛圖案

設計・刺繡…uzum 原寸圖案／P.42

北歐風の時髦圖案

設計・刺繡⋯uzum

原寸圖案／P.43

怦然心動の花朵

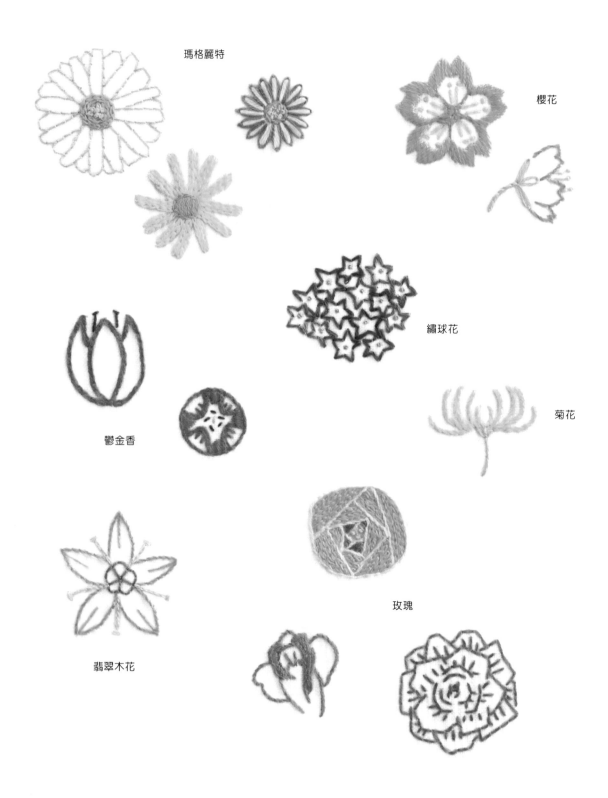

瑪格麗特

櫻花

繡球花

菊花

鬱金香

玫瑰

翡翠木花

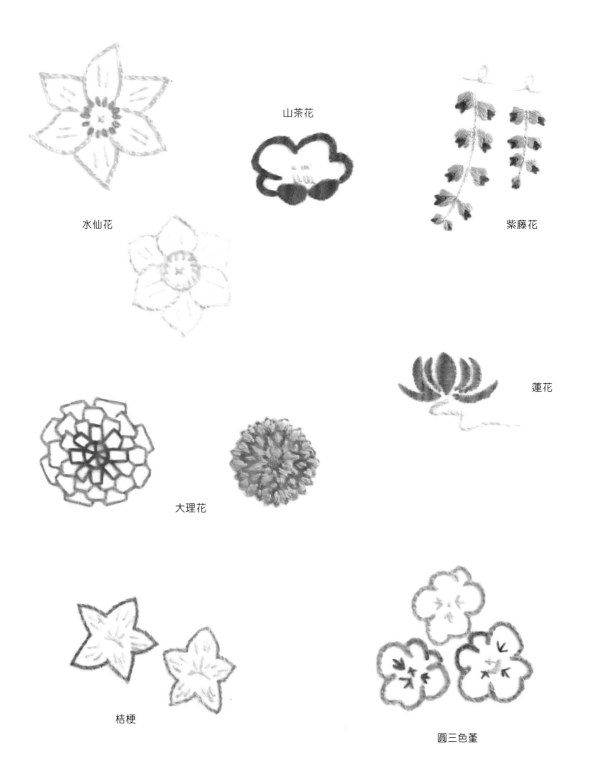

山茶花

水仙花

紫藤花

蓮花

大理花

桔梗

圓三色菫

優雅大方の植物

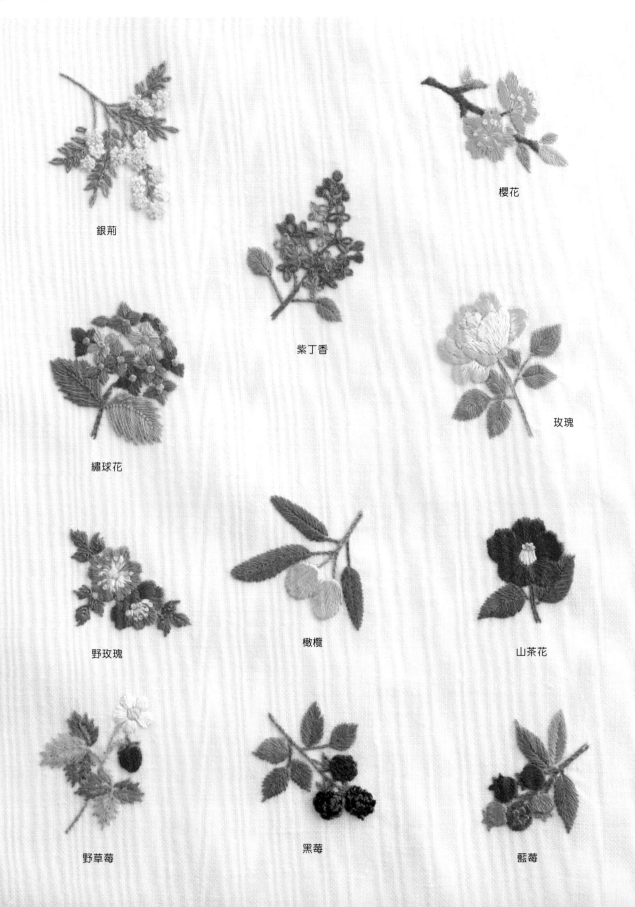

銀荊

樱花

紫丁香

繡球花

玫瑰

野玫瑰

橄欖

山茶花

野草莓

黑莓

藍莓

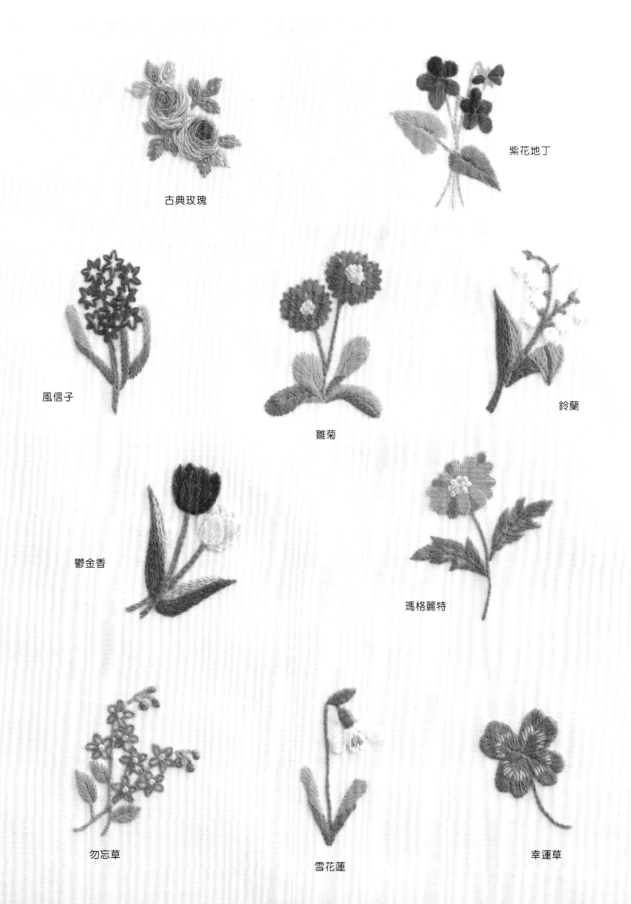

古典玫瑰

紫花地丁

風信子

雛菊

鈴蘭

鬱金香

瑪格麗特

勿忘草

雪花蓮

幸運草

動物園の明星

設計・刺繡…田丸かおり

原寸圖案／P.48

樹懶

無尾熊

鵜鶘

長頸鹿

袋鼠

花豹

熊貓

紅鶴

斑馬

北極熊

小熊貓

大象

水族館の明星

設計・刺繡…田丸かおり 原寸圖案／P.49

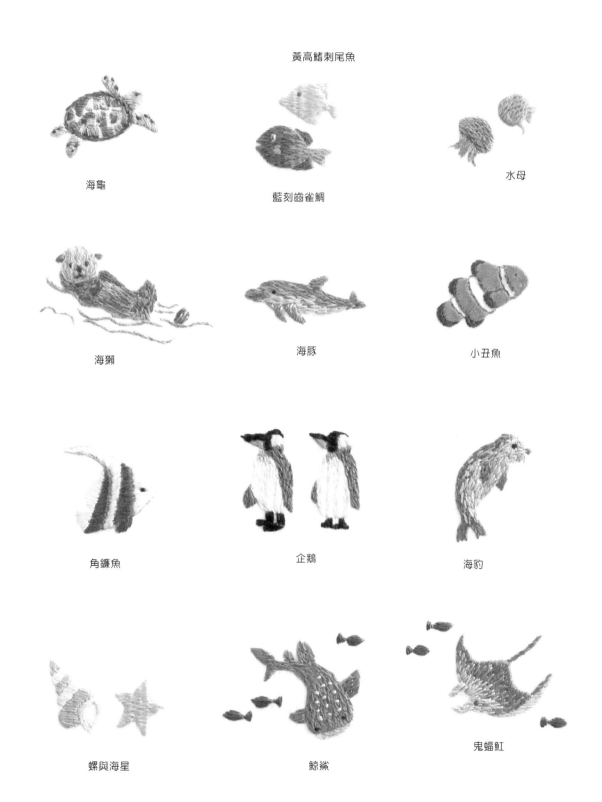

黃高鰭刺尾魚

海龜

藍刻齒雀鯛

水母

海獺

海豚

小丑魚

角鎌魚

企鵝

海豹

螺與海星

鯨鯊

鬼蝠魟

森林裡の動物

設計・刺繡…渡部友子 原寸圖案／P.50

貓頭鷹

兔子

蝦夷栗鼠

花栗鼠

熊

白鼬

兔子

鹿

花栗鼠

可愛の小鳥

山雀

文鳥

戴菊

藍尾鴝

銀喉長尾山雀

黃尾鴝

大斑啄木鳥

燕子

褐芙蓉文鳥

討人喜愛の狗狗

原寸圖案／P.52

迷你臘腸犬

威爾斯

迷你臘腸犬

約克夏

法國鬥牛犬

法國鬥牛犬

吉娃娃

吉娃娃

玩具貴賓犬

玩具貴賓犬

柴犬

柴犬

隨心所欲の貓咪

異國短毛貓

日本貓

蘇格蘭摺耳貓

日本貓

俄羅斯藍貓

美國短毛貓

米克斯

蘇格蘭摺耳貓

異國短毛貓

短腿貓

我家の寵物

設計・刺繍…シマヅカオリ 原寸圖案／P.54

倉鼠

鸚鵡

鸚鵡

倉鼠

垂耳兔

兔子

迷你豬

刺蝟

兔子

陸龜

雪貂

22

休閒時間

設計・刺繡…稻葉美保（MK Works） 原寸圖案／P.55

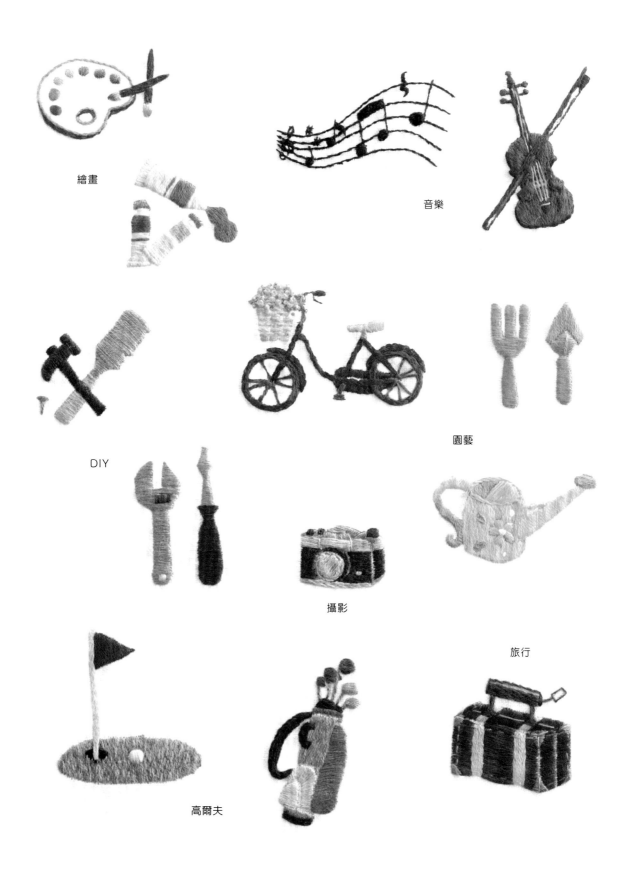

繪畫

音樂

DIY

園藝

攝影

旅行

高爾夫

最喜歡の甜點

設計・刺繡…tam-ram

原寸圖案／P.56

冰淇淋

杯子蛋糕

杯子蛋糕

蛋糕捲

裝飾蛋糕

聖代

大蛋糕

可麗露

甜甜圈

櫻桃派

草莓奶油蛋糕

起司蛋糕

幸福の午茶時光

設計・刺繡…tam-ram

原寸圖案／P.57

紅茶罐

果醬

茶壺

下午茶

茶杯

濾沖咖啡

馬克杯

咖啡豆

設計・刺繡…田丸かおり 原寸圖案／P.58

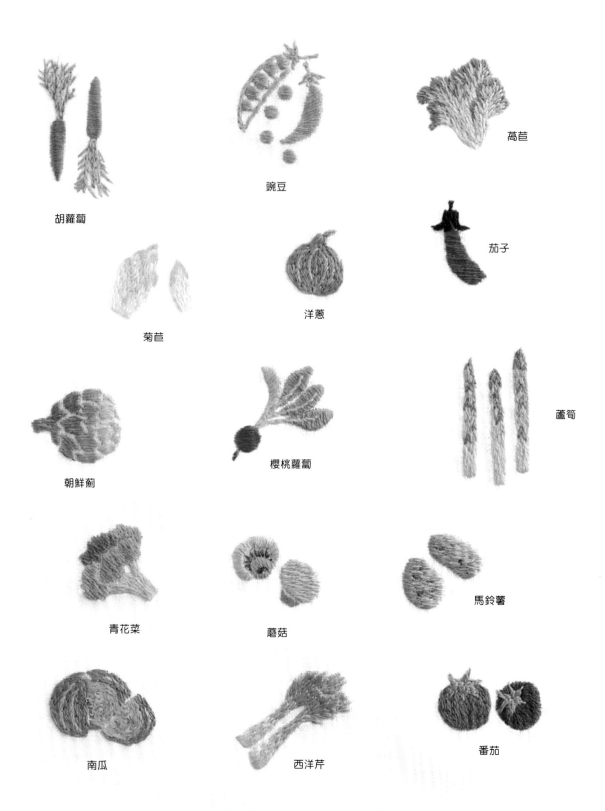

胡蘿蔔

豌豆

萵苣

菊苣

洋蔥

茄子

朝鮮薊

櫻桃蘿蔔

蘆筍

青花菜

蘑菇

馬鈴薯

南瓜

西洋芹

番茄

可口多汁の水果

原寸圖案／P.59

西洋梨

草莓

檸檬

哈密瓜

奇異果

藍莓

葡萄

櫻桃

鳳梨

蘋果

桃子

橘子

楊桃

芒果

蔓越莓

廚房雜貨

設計・刺繡…せばたやすこ 原寸圖案／P.60

牛奶鍋

塔吉鍋

咖啡壺

果汁機

鑄鐵鍋

杓子・攪拌器

砧板

烤麵包機

水壺

鍋墊

土鍋

磨泥板

裁縫工具

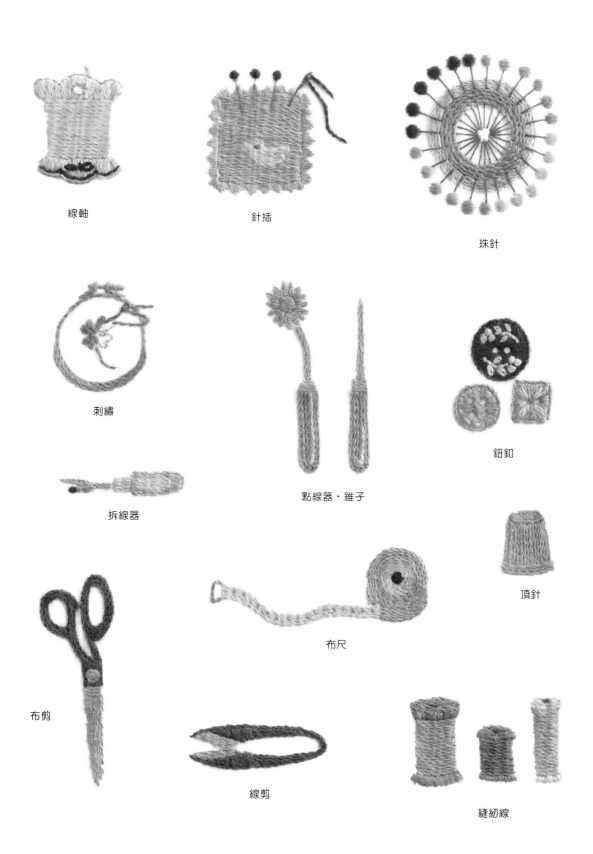

線軸

針插

珠針

刺繡

點線器・錐子

鈕釦

拆線器

頂針

布尺

布剪

線剪

縫紉線

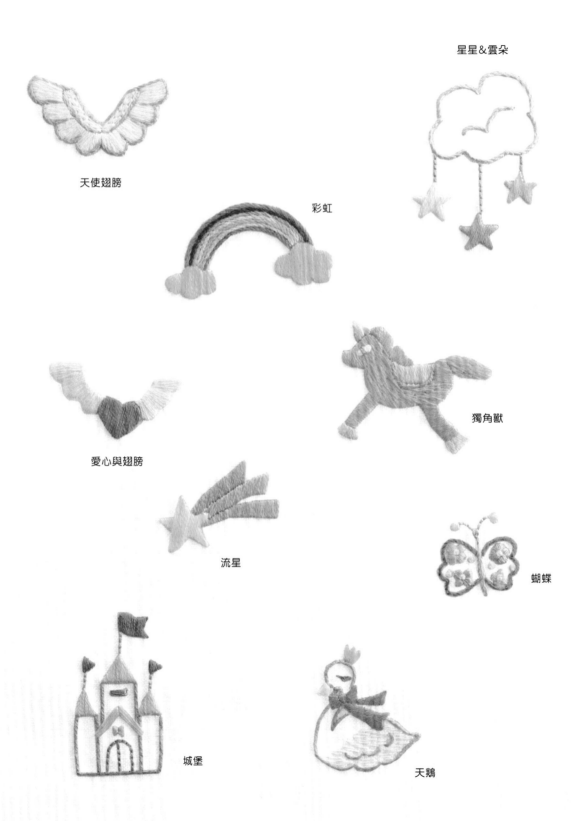

星星&雲朵

天使翅膀

彩虹

獨角獸

愛心與翅膀

流星

蝴蝶

城堡

天鵝

女孩兒の時尚配件

設計・刺繡…tam-ram

原寸圖案／P.63

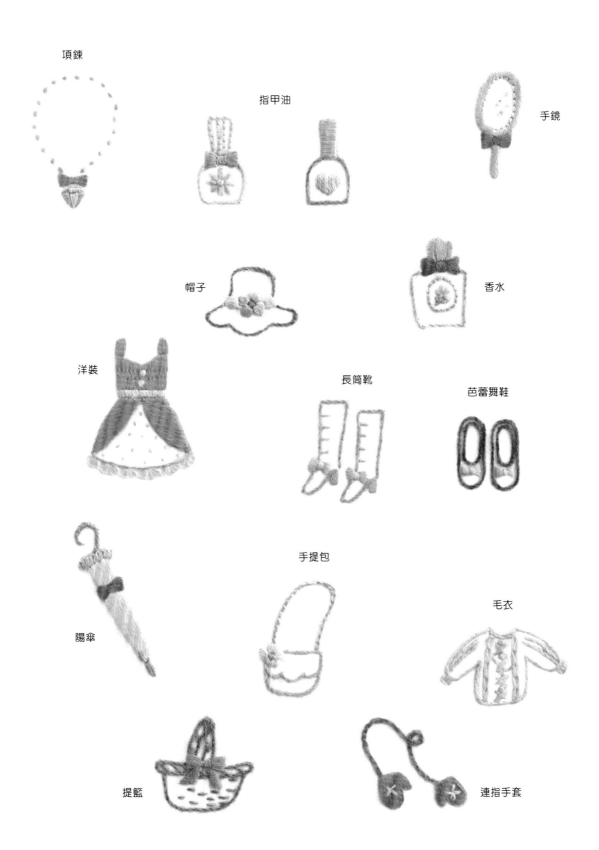

項鍊

指甲油

手鏡

帽子

香水

洋裝

長筒靴

芭蕾舞鞋

陽傘

手提包

毛衣

提籃

連指手套

教堂　　　　　小木屋　　　　　北歐建築

商店櫥窗　　路燈　　巴黎公寓　　歡慶聖誕屋

法國凱旋門　　巴黎艾菲爾鐵塔　　城堡

倫敦塔橋　　英國大笨鐘　　燈塔

交通工具

自行車

飛機

直昇機

轎車

速克達機車

熱氣球

帆船

小帆船

小船

電車

倫敦雙層巴士

馬車

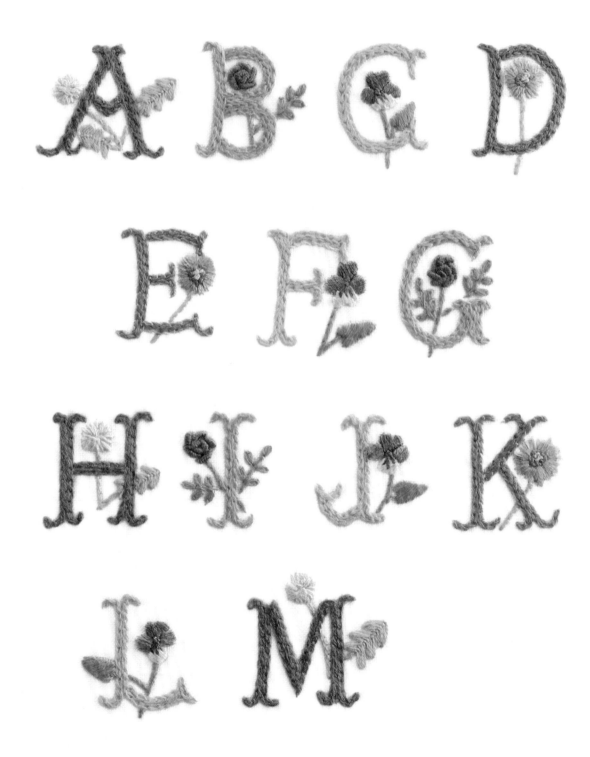

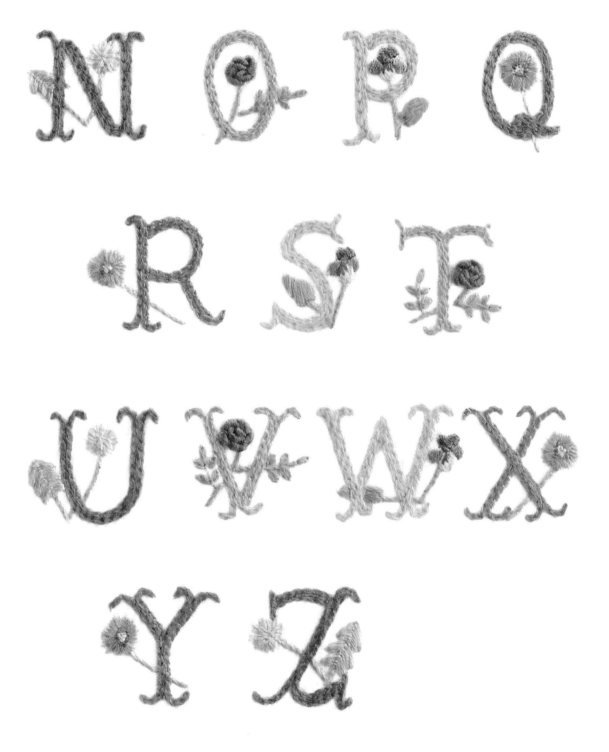

符號＆象徵

設計・刺繡…あべまり

原寸圖案／P.69

詳細圖解 刺繡の基礎

在開始刺繡之前，先認識繡線、工具和刺繡方法吧！

【繡線&工具】

材料、用具提供／ **A** LECIEN
B CLOVER
C アドガー工業

25號繡線（COSMO繡線）A

1束繡線是以6股細棉線捻成。
標籤紙上會標註色號。

刺繡針（法國刺繡針組）A

刺繡專用針。針孔大，容易穿線。
請注意與十字繡針不同。

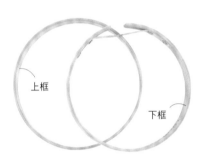

上框

下框

繡框 A

將布夾在中間繃緊，以方便刺繡的
工具。有各種大小尺寸。

剪刀 B

用來剪斷繡線的
小剪刀。

水消筆 B

可以直接在布上描繪
圖案的筆。只要碰到
水，筆跡就會消失。

描圖紙·
轉印麥克筆 C

搭配描圖紙，
以轉印麥克筆透寫圖案。

【關於布】

雖然任何布料都能用來刺繡，但麻布、棉麻布、棉布更加適合。
為了防止布邊脫線綻開，請先以縫紉機進行Z字形車縫，或是簡
單疏縫。市售的手帕或襯衫也可以拿來刺繡。

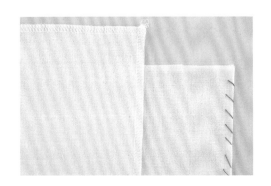

【繡框的使用方法】

將繡框的上下框分開，將下框放在桌上。將布放在
下框上，在將上框套上，夾住布料。請務必要讓布
繃緊。

【複寫圖案】

可透寫時

圖案
布（正面）

將布放在圖案上，直接以水消筆描摹圖案。

無法透寫時

玻璃紙
圖案
布（正面）
布用複寫紙

將布用複寫紙反面朝上，放在布上，繪製圖案。為了保護圖案，在上方疊一張玻璃紙，再以原子筆描摹。

使用描圖紙複寫

1
玻璃紙
圖案
描圖紙

在圖案上放上玻璃紙和描圖紙，以轉印麥克筆描繪圖案。放上玻璃紙，是為了不讓墨水滲入圖案。

2
描圖紙
布（正面）

將描圖紙放在布上，再以轉印麥克筆描一次圖案。

3

墨水透過描圖紙轉印至布料上，留下圖案。布和描圖紙上的墨水，只要以水就可以消除。

※消除記號時注意：以水消除布料上的圖案後，務必待布自然乾燥，並確認沒有殘留墨汁，再進行熨燙。若在圖案完全消失之前就進行熨燙，線條會變得無法消去。

【抽取繡線】

1

握著繡線的標籤紙，拉出線頭。

2

繡線不需要太長，剪取30至40cm的長度即可。

3

從6股線中一次抽出1股，準備要使用的股數。

【穿針】

1

將線掛在針上，以手指捏著線，在繡線上做出折痕。

2

將折痕穿過針孔。

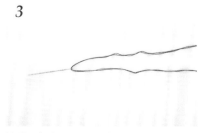

3

繡線已經穿過針孔，準備好進行刺繡。

【起針與收針】

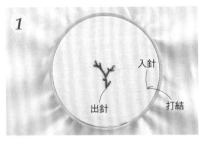

1

先將線打結，第一針下針的位置盡量遠離圖案。先入針再出針，開始刺繡。

2

不要把布挑起來，而是確實地從布的上方和下方穿過布。

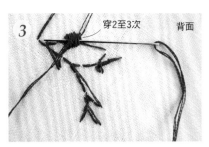

3 穿2至3次　背面

刺繡完成後，在布的背面將繡線穿過數次後剪斷。剪掉一開始打的結，將線在布背面穿針，同樣穿過背面的繡線數次後剪斷。

【刺繡的種類】

線的刺繡　回針繡使用較細的線，鎖鍊繡和輪廓繡則使用較粗的線。

回針繡

回針繡

鎖鍊繡

鎖鍊繡

輪廓繡

輪廓繡

面的刺繡

緞面繡

緞面繡

可以發揮繡線的光澤感。讓繡線保持平行，緊密地繡出圖案。

長短針繡

長短針繡

適合填滿大面積的針法。可以替換不同色的繡線，營造出漸層感。

輪廓繡

輪廓繡

緊密地下針，以繡線填滿圖案。也可以順著圖案線條的走向，繡出圖形。以鎖鍊繡也能作出同樣效果。

雛菊繡

雛菊繡

繡花朵時經常使用的針法。將小小的雛菊繡以放射狀的方式繡出來，就成了花瓣。

【刺繡作品的洗滌】

請避免使用加入漂白劑的清潔劑，使用中性洗滌劑或是肥皂。
要迅速清洗、脫水，最後蔭乾。
若要熨燙，請使用墊布。可高溫熨燙，但不要使用蒸氣。

【繡法】

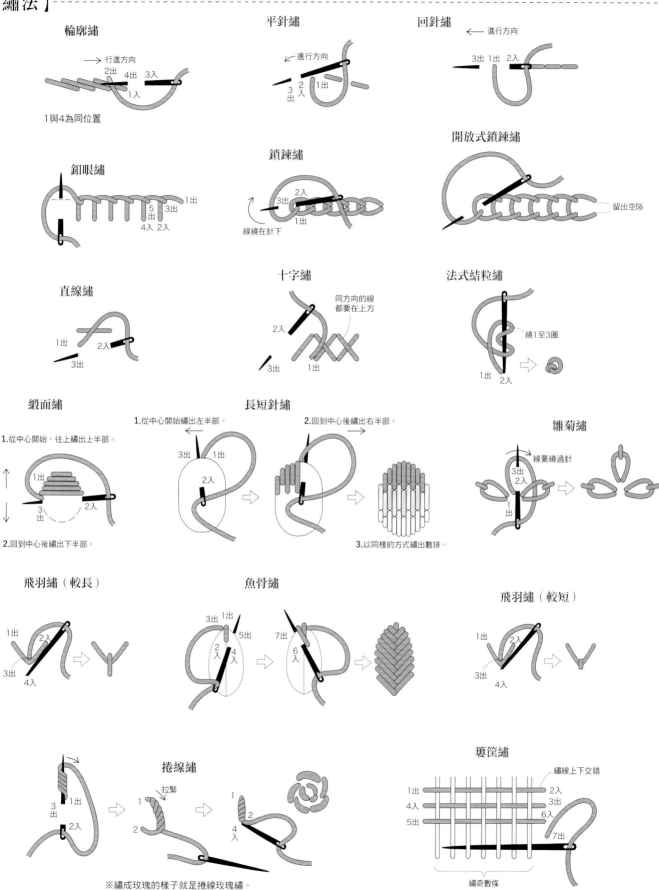

輪廓繡
→ 行進方向
2出 4出 3入
1入
1與4為同位置

平針繡
進行方向
3出 2入 1出

回針繡
← 進行方向
3出 1出 2入

鈕眼繡
1出
5出 3出
4入 2入

鎖鍊繡
2入
3出 1入
線繞在針下

開放式鎖鍊繡
留出空隙

直線繡
1出 2入 3出

十字繡
同方向的線都要在上方
2入
3出 1出

法式結粒繡
繞1至3圈
1出 2入

緞面繡
1.從中心開始，往上繡出上半部。
1出 3出 2入
2.回到中心後繡出下半部。

長短針繡
1.從中心開始繡出左半部。
3出 1出
2入
2.回到中心後繡出右半部。
3.以同樣的方式繡出數排。

雛菊繡
線要繞過針
3出 2入 1出

飛羽繡（較長）
1出 2入
3出 4入

魚骨繡
3出 1出
2入 4入 5出
7出 6入

飛羽繡（較短）
1出 2入
3出 4入

捲線繡
3出 1出 2入
拉緊
1 2
1 2 4入
※繡成玫瑰的樣子就是捲線玫瑰繡。

簍筐繡
繡線上下交錯
1出 2入
4入 3入
5出 6入
7出
繡奇數條

41

※數字為COSMO繡線的色號
※（　）內的數字為繡線的股數

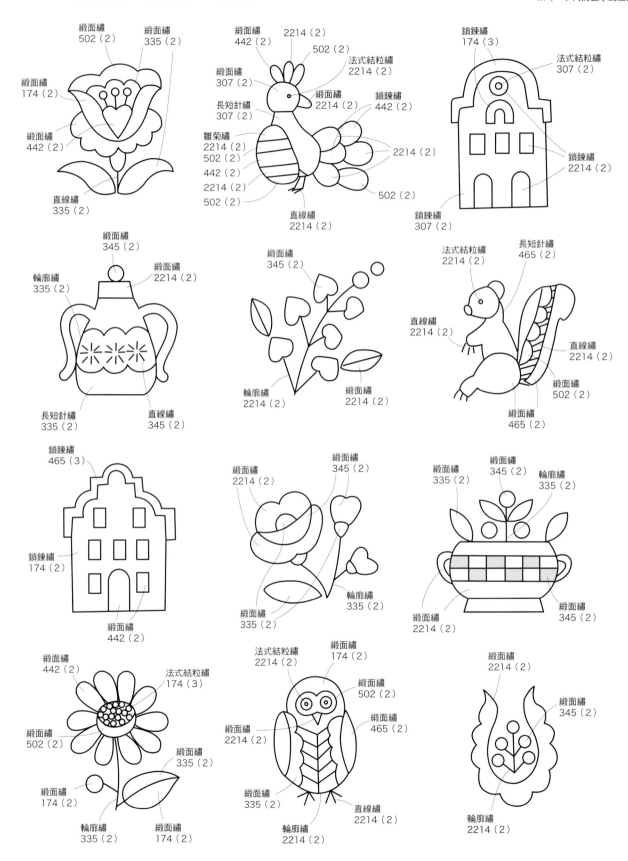

緞面繡
502（2）

緞面繡
335（2）

緞面繡
174（2）

緞面繡
442（2）

直線繡
335（2）

緞面繡
442（2）

2214（2）

502（2）

法式結粒繡
2214（2）

緞面繡
307（2）

長短針繡
307（2）

緞面繡
2214（2）

鎖鍊繡
442（2）

雛菊繡
2214（2）
502（2）
442（2）
2214（2）
502（2）

2214（2）

502（2）

直線繡
2214（2）

鎖鍊繡
174（3）

法式結粒繡
307（2）

鎖鍊繡
2214（2）

鎖鍊繡
307（2）

緞面繡
345（2）

輪廓繡
335（2）

緞面繡
2214（2）

長短針繡
335（2）

直線繡
345（2）

緞面繡
345（2）

輪廓繡
2214（2）

緞面繡
2214（2）

法式結粒繡
2214（2）

長短針繡
465（2）

直線繡
2214（2）

直線繡
2214（2）

緞面繡
502（2）

緞面繡
465（2）

鎖鍊繡
465（3）

鎖鍊繡
174（2）

緞面繡
442（2）

緞面繡
2214（2）

緞面繡
345（2）

緞面繡
335（2）

輪廓繡
335（2）

緞面繡
335（2）

輪廓繡
335（2）

緞面繡
2214（2）

緞面繡
345（2）

緞面繡
442（2）

法式結粒繡
174（3）

緞面繡
502（2）

緞面繡
335（2）

緞面繡
174（2）

輪廓繡
335（2）

緞面繡
174（2）

法式結粒繡
2214（2）

緞面繡
174（2）

緞面繡
502（2）

緞面繡
465（2）

緞面繡
2214（2）

緞面繡
335（2）

輪廓繡
2214（2）

直線繡
2214（2）

緞面繡
2214（2）

緞面繡
345（2）

輪廓繡
2214（2）

※數字為COSMO繡線的色號
※（　）內的數字為繡線的股數

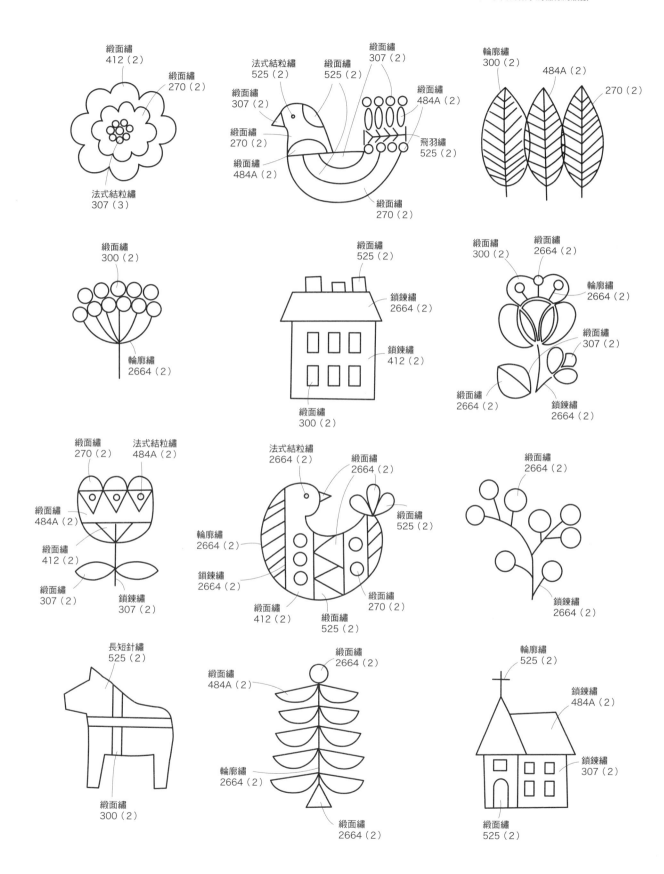

綴面繡
412（2）

綴面繡
270（2）

法式結粒繡
307（3）

法式結粒繡
525（2）

綴面繡
307（2）

綴面繡
270（2）

綴面繡
484A（2）

綴面繡
525（2）

綴面繡
307（2）

綴面繡
484A（2）

飛羽繡
525（2）

綴面繡
270（2）

輪廓繡
300（2）

484A（2）

270（2）

綴面繡
300（2）

輪廓繡
2664（2）

綴面繡
525（2）

鎖鍊繡
2664（2）

鎖鍊繡
412（2）

綴面繡
300（2）

綴面繡
300（2）

綴面繡
2664（2）

輪廓繡
2664（2）

綴面繡
307（2）

綴面繡
2664（2）

鎖鍊繡
2664（2）

綴面繡
270（2）

法式結粒繡
484A（2）

綴面繡
484A（2）

綴面繡
412（2）

綴面繡
307（2）

鎖鍊繡
307（2）

法式結粒繡
2664（2）

綴面繡
2664（2）

綴面繡
525（2）

輪廓繡
2664（2）

鎖鍊繡
2664（2）

綴面繡
412（2）

綴面繡
525（2）

綴面繡
270（2）

綴面繡
2664（2）

鎖鍊繡
2664（2）

長短針繡
525（2）

綴面繡
300（2）

綴面繡
2664（2）

綴面繡
484A（2）

輪廓繡
2664（2）

綴面繡
2664（2）

輪廓繡
525（2）

鎖鍊繡
484A（2）

鎖鍊繡
307（2）

綴面繡
525（2）

※數字為COSMO繡線的色號
※（　）內的數字為繡線的股數

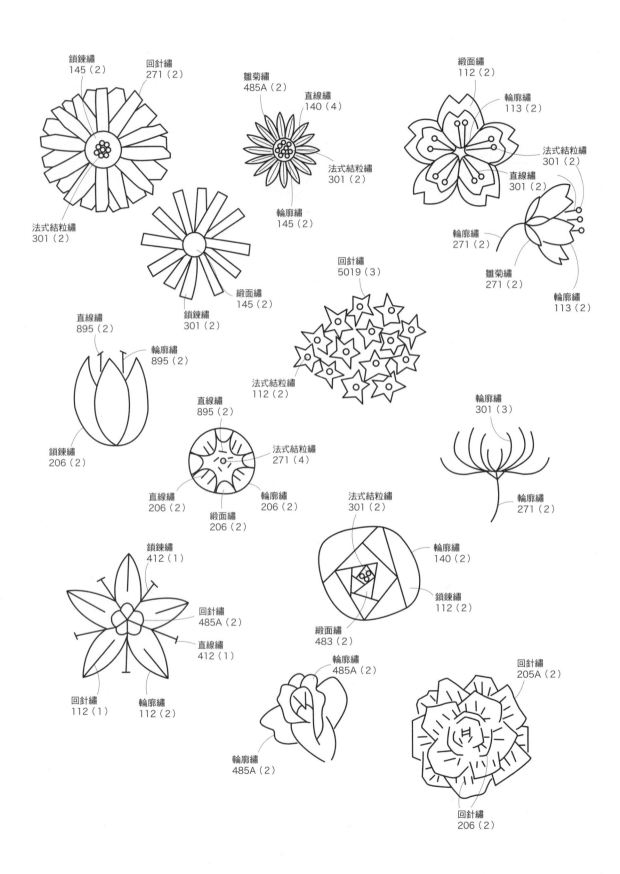

鎖鍊繡
145（2）

回針繡
271（2）

雛菊繡
485A（2）

直線繡
140（4）

緞面繡
112（2）

輪廓繡
113（2）

法式結粒繡
301（2）

直線繡
301（2）

法式結粒繡
301（2）

輪廓繡
145（2）

輪廓繡
271（2）

雛菊繡
271（2）

輪廓繡
113（2）

法式結粒繡
301（2）

緞面繡
145（2）

鎖鍊繡
301（2）

回針繡
5019（3）

直線繡
895（2）

輪廓繡
895（2）

法式結粒繡
112（2）

輪廓繡
301（3）

鎖鍊繡
206（2）

直線繡
895（2）

法式結粒繡
271（4）

輪廓繡
271（2）

直線繡
206（2）

輪廓繡
206（2）

緞面繡
206（2）

法式結粒繡
301（2）

輪廓繡
140（2）

鎖鍊繡
412（1）

輪廓繡
301（2）

鎖鍊繡
112（2）

回針繡
485A（2）

緞面繡
483（2）

直線繡
412（1）

回針繡
112（1）

輪廓繡
112（2）

輪廓繡
485A（2）

回針繡
205A（2）

輪廓繡
485A（2）

回針繡
206（2）

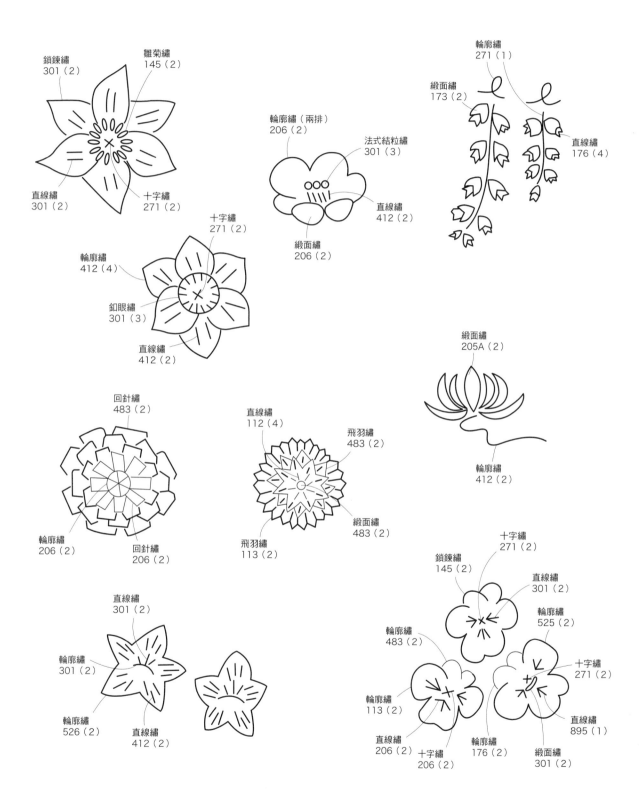

鎖鍊繡
301（2）

雛菊繡
145（2）

直線繡
301（2）

十字繡
271（2）

輪廓繡（兩排）
206（2）

法式結粒繡
301（3）

直線繡
412（2）

緞面繡
206（2）

輪廓繡
271（1）

緞面繡
173（2）

直線繡
176（4）

十字繡
271（2）

輪廓繡
412（4）

釦眼繡
301（3）

直線繡
412（2）

回針繡
483（2）

輪廓繡
206（2）

回針繡
206（2）

直線繡
112（4）

飛羽繡
483（2）

飛羽繡
113（2）

緞面繡
483（2）

緞面繡
205A（2）

輪廓繡
412（2）

直線繡
301（2）

輪廓繡
301（2）

輪廓繡
526（2）

直線繡
412（2）

十字繡
271（2）

鎖鍊繡
145（2）

直線繡
301（2）

輪廓繡
483（2）

輪廓繡
525（2）

十字繡
271（2）

輪廓繡
113（2）

直線繡
895（1）

直線繡
206（2）

十字繡
206（2）

輪廓繡
176（2）

緞面繡
301（2）

45

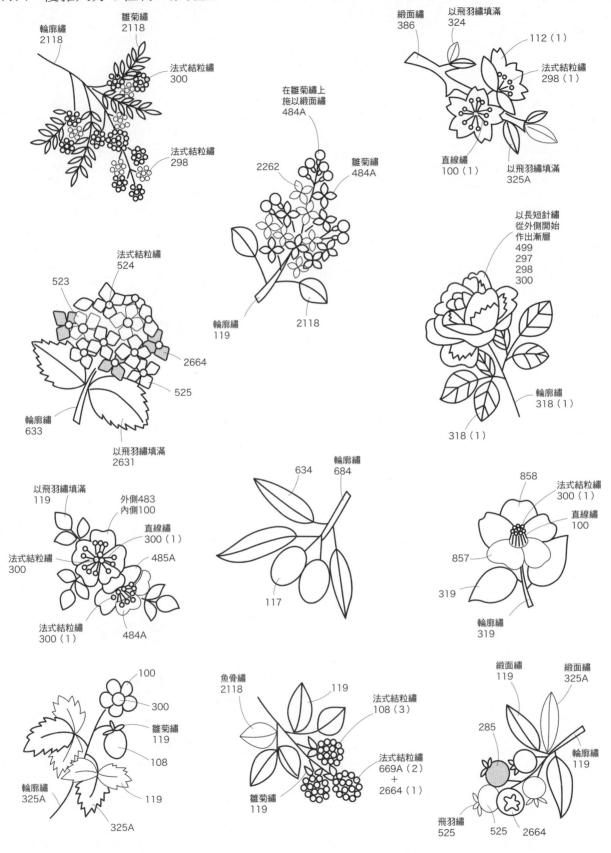

輪廓繡
2118

雛菊繡
2118

法式結粒繡
300

法式結粒繡
298

在雛菊繡上
施以緞面繡
484A

2262

雛菊繡
484A

輪廓繡
119

2118

緞面繡
386

以飛羽繡填滿
324

112（1）

法式結粒繡
298（1）

直線繡
100（1）

以飛羽繡填滿
325A

法式結粒繡
524

523

2664

525

輪廓繡
633

以飛羽繡填滿
2631

以長短針繡
從外側開始
作出漸層
499
297
298
300

輪廓繡
318（1）

318（1）

以飛羽繡填滿
119

外側483
內側100

直線繡
300（1）

485A

法式結粒繡
300

法式結粒繡
300（1）

484A

輪廓繡
684

634

117

858

法式結粒繡
300（1）

直線繡
100

857

319

輪廓繡
319

100

300

雛菊繡
119

108

輪廓繡
325A

119

325A

魚骨繡
2118

119

法式結粒繡
108（3）

法式結粒繡
669A（2）
＋
2664（1）

雛菊繡
119

緞面繡
119

緞面繡
325A

285

輪廓繡
119

飛羽繡
525

525

2664

46

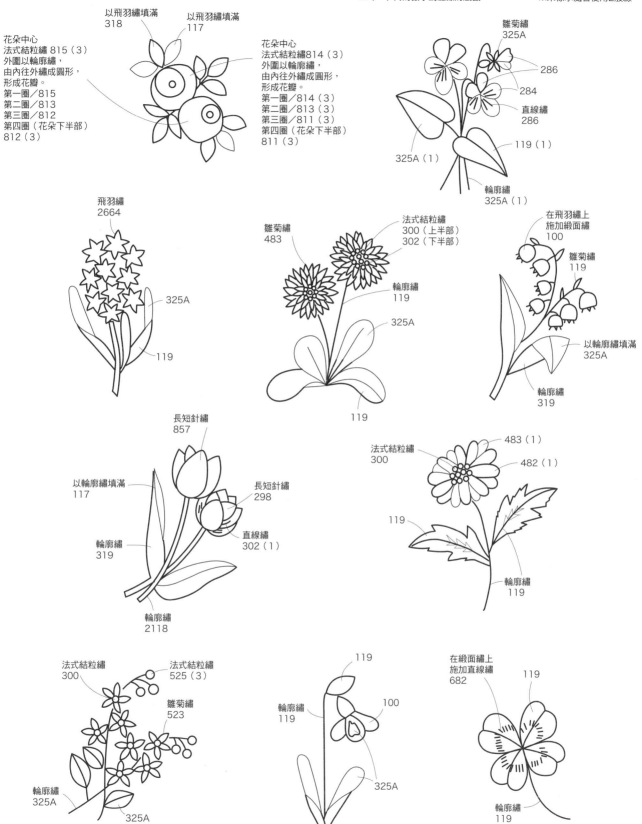

以飛羽繡填滿
318

以飛羽繡填滿
117

花朵中心
法式結粒繡 815（3）
外圍以輪廓繡，
由內往外繡成圓形，
形成花瓣。
第一圈／815
第二圈／813
第三圈／812
第四圈（花朵下半部）
812（3）

花朵中心
法式結粒繡814（3）
外圍以輪廓繡，
由內往外繡成圓形，
形成花瓣。
第一圈／814（3）
第二圈／813（3）
第三圈／811（3）
第四圈（花朵下半部）
811（3）

雛菊繡
325A

286

284

直線繡
286

325A（1）

119（1）

輪廓繡
325A（1）

飛羽繡
2664

325A

119

雛菊繡
483

法式結粒繡
300（上半部）
302（下半部）

輪廓繡
119

325A

119

在飛羽繡上
施加緞面繡
100

雛菊繡
119

以輪廓繡填滿
325A

輪廓繡
319

長短針繡
857

以輪廓繡填滿
117

長短針繡
298

直線繡
302（1）

輪廓繡
319

輪廓繡
2118

法式結粒繡
300

483（1）

482（1）

119

輪廓繡
119

法式結粒繡
300

法式結粒繡
525（3）

雛菊繡
523

輪廓繡
325A

325A

119

輪廓繡
119

100

325A

在緞面繡上
施加直線繡
682

119

輪廓繡
119

※數字為COSMO繡線的色號
※（　）內的數字為繡線的股數
※未標示處皆使用2股線
※未標示處皆進行長短針繡

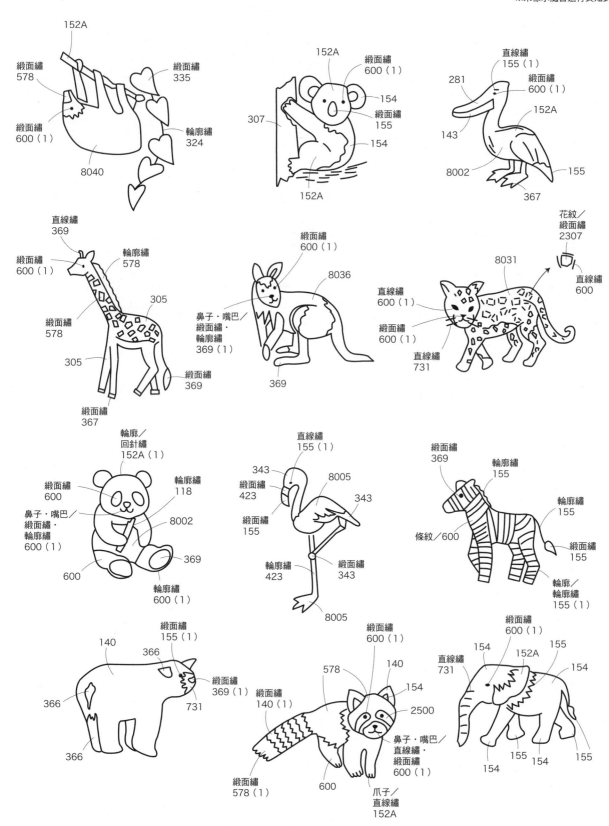

緞面繡
578

緞面繡
335

152A

緞面繡
600（1）

輪廓繡
324

8040

152A

緞面繡
600（1）

307

154

緞面繡
155

154

152A

直線繡
155（1）

緞面繡
600（1）

281

143

152A

8002

155

367

直線繡
369

緞面繡
600（1）

輪廓繡
578

305

緞面繡
578

305

緞面繡
369

緞面繡
367

緞面繡
600（1）

8036

鼻子・嘴巴
緞面繡・
輪廓繡
369（1）

369

花紋／
緞面繡
2307

8031

直線繡
600

直線繡
600（1）

緞面繡
600（1）

直線繡
731

輪廓／
回針繡
152A（1）

緞面繡
600

輪廓繡
118

鼻子・嘴巴／
緞面繡・
輪廓繡
600（1）

8002

369

600

輪廓繡
600（1）

直線繡
155（1）

343

緞面繡
423

8005

343

緞面繡
155

輪廓繡
423

緞面繡
343

8005

緞面繡
369

輪廓繡
155

輪廓繡
155

條紋／600

緞面繡
155

輪廓／
輪廓繡
155（1）

140

緞面繡
155（1）

366

緞面繡
369（1）

366

731

366

緞面繡
600（1）

578

140

154

2500

緞面繡
140（1）

鼻子・嘴巴／
直線繡・
緞面繡
600（1）

600

緞面繡
578（1）

爪子／
直線繡
152A

緞面繡
600（1）

154

152A

155

直線繡
731

154

154

155

154

154

155

48

※數字為COSMO繡線的色號
※（　）內的數字為繡線的股數
※未標示處皆使用2股線
※未標示處皆進行長短針繡

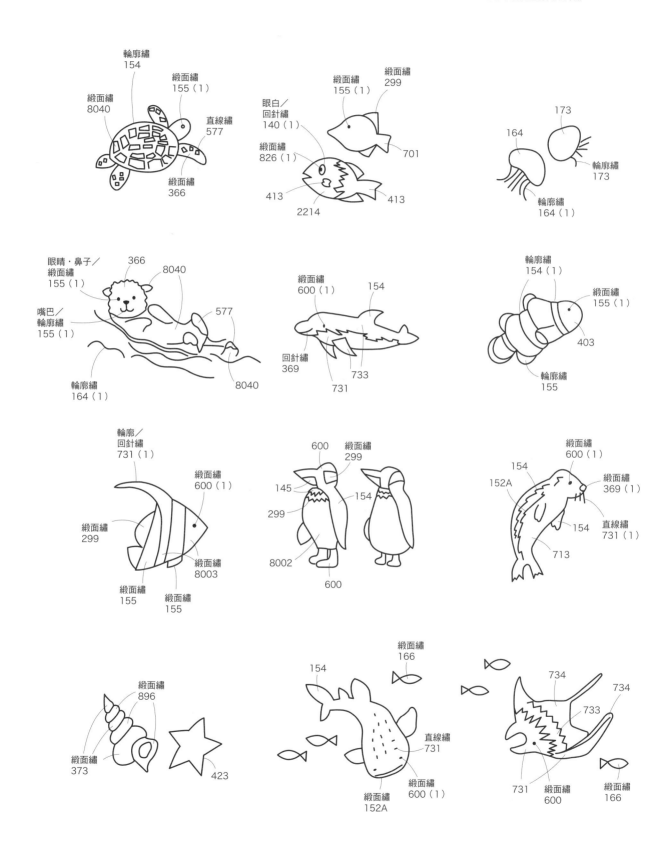

輪廓繡
154

緞面繡
155（1）

緞面繡
8040

直線繡
577

緞面繡
366

緞面繡
155（1）

緞面繡
299

眼白／
回針繡
140（1）

緞面繡
826（1）

413

413

2214

701

173

164

輪廓繡
173

輪廓繡
164（1）

眼睛・鼻子／
緞面繡
155（1）

366

8040

嘴巴／
輪廓繡
155（1）

577

輪廓繡
164（1）

8040

緞面繡
600（1）

154

回針繡
369

731

733

輪廓繡
154（1）

緞面繡
155（1）

403

輪廓繡
155

輪廓／
回針繡
731（1）

緞面繡
600（1）

緞面繡
299

緞面繡
8003

緞面繡
155

緞面繡
155

600

緞面繡
299

145

299

154

8002

600

緞面繡
600（1）

154

152A

緞面繡
369（1）

154

直線繡
731（1）

713

緞面繡
896

緞面繡
373

423

154

緞面繡
166

直線繡
731

緞面繡
600（1）

緞面繡
152A

734

734

733

731

緞面繡
600

緞面繡
166

※數字為COSMO繡線的色號
※（　）內的數字為繡線的股數

※眼睛使用緞面繡312（1）加上小小的直線繡100（2）
※未標示處皆使用2股線
※未標示處的臉部・身體皆進行長短針繡

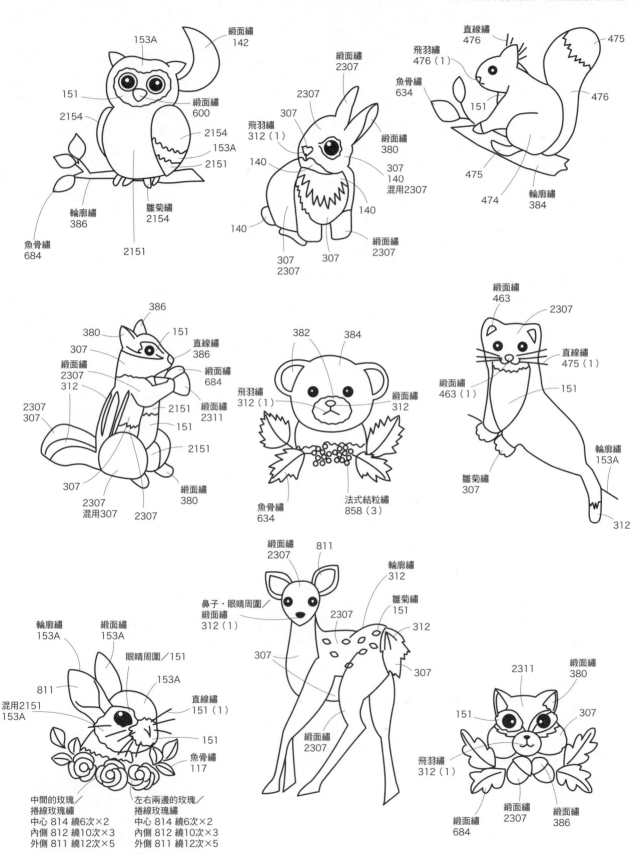

153A

緞面繡
142

151

緞面繡
600

2154

2154

2154

153A

2151

輪廓繡
386

雛菊繡
2154

魚骨繡
684

2151

緞面繡
2307

2307

307

飛羽繡
312（1）

140

緞面繡
380

140

307
140
混用2307

140

140

140

緞面繡
2307

307
2307

307

直線繡
476

475

飛羽繡
476（1）

魚骨繡
634

151

476

475

474

輪廓繡
384

386

380

151

307

直線繡
386

緞面繡
2307
312

緞面繡
684

2307
307

緞面繡
2311

151

2151

2151

307

307

2307
混用307

2307

緞面繡
380

382

384

飛羽繡
312（1）

緞面繡
312

魚骨繡
634

法式結粒繡
858（3）

緞面繡
463

2307

緞面繡
463（1）

直線繡
475（1）

151

輪廓繡
153A

雛菊繡
307

312

緞面繡
2307

811

輪廓繡
312

鼻子・眼睛周圍／
緞面繡
312（1）

雛菊繡
151

2307

312

307

307

緞面繡
2307

輪廓繡
153A

緞面繡
153A

眼睛周圍／151

153A

811

混用2151
153A

直線繡
151（1）

151

魚骨繡
117

中間的玫瑰／
捲線玫瑰繡
中心 814 繞6次×2
內側 812 繞10次×3
外側 811 繞12次×5

左右兩邊的玫瑰／
捲線玫瑰繡
中心 814 繞6次×2
內側 812 繞10次×3
外側 811 繞12次×5

2311

緞面繡
380

151

307

飛羽繡
312（1）

緞面繡
2307

緞面繡
386

緞面繡
684

※數字為COSMO繡線的色號
※（　）內的數字為繡線的股數

※未標示處皆使用2股線
※未標示處的臉部・翅膀・身體皆進行長短針繡
※眼睛使用緞面繡600（1），
※再加上小小的直線繡100（2）

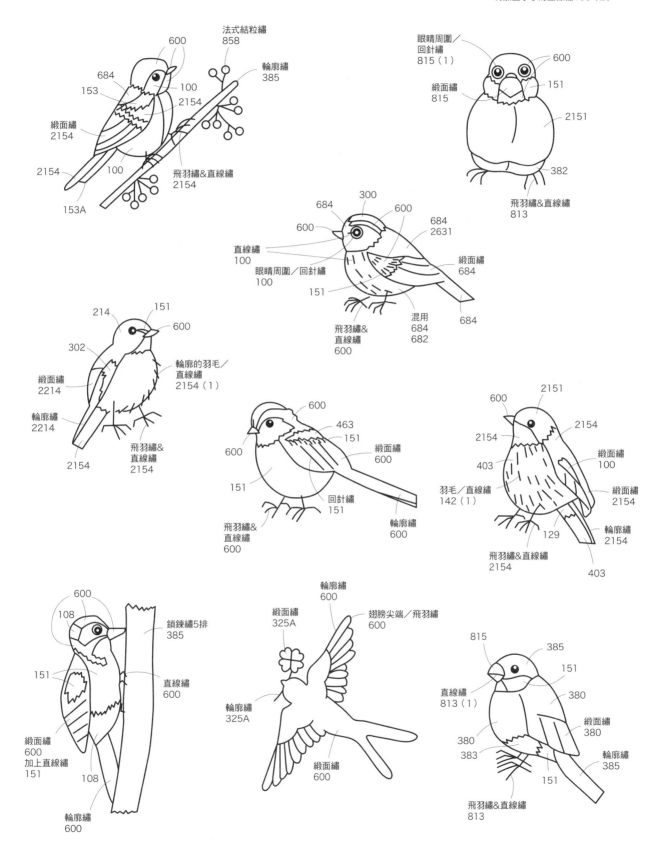

600

法式結粒繡
858

684
153

輪廓繡
385

100
2154

緞面繡
2154

2154

100

153A

飛羽繡&直線繡
2154

眼睛周圍／
回針繡
815（1）

600

緞面繡
815

151

2151

382

飛羽繡&直線繡
813

684　300　600
684
2631

600

直線繡
100

緞面繡
684

眼睛周圍／回針繡
100

151

混用
684
682

684

飛羽繡&
直線繡
600

214　151
600

302

輪廓的羽毛／
直線繡
2154（1）

緞面繡
2214

輪廓繡
2214

2154

飛羽繡&
直線繡
2154

600

463
151

緞面繡
600

600

151

回針繡
151

飛羽繡&
直線繡
600

輪廓繡
600

2151
600

2154
2154

403

緞面繡
100

羽毛／直線繡
142（1）

緞面繡
2154

129

輪廓繡
2154

飛羽繡&直線繡
2154

403

600
108

鎖鍊繡5排
385

151

直線繡
600

緞面繡
600
加上直線繡
151

108

輪廓繡
600

輪廓繡
600

緞面繡
325A

翅膀尖端／飛羽繡
600

輪廓繡
325A

緞面繡
600

815　385
151

直線繡
813（1）

380

380
383

緞面繡
380

輪廓繡
385

151

飛羽繡&直線繡
813

※狗眼睛的繡法
光澤／直線繡
100（1）
黑眼球／
緞面繡
600（1）
眼白／
輪廓繡
100（1）

鼻子／緞面繡
895（1）

長短針繡
574（2）

輪廓繡
895（1）

直線繡
631

長短針繡
573（2）

長短針繡
895（2）

鼻子／緞面繡
895（1）

法式結粒繡
103A（2）

直線繡
631（2）

眉毛／直線繡
100（2）

鼻子／緞面繡
600（1）

長短針繡
2129（2）

長短針繡
600（2）

直線繡
895（2）
309（2）

直線繡
895（2）

鼻子／緞面繡
600（1）

309（2）

長短針繡
155（2）

長短針繡
100（2）

緞面繡
632（1）

100（1）

143（1）

緞面繡
155（1）

107（1）

爪子／直線繡
100（1）

鼻子／緞面繡
600（1）

直線繡
100（1）

長短針繡
103A

輪廓繡
895（1）

長短針繡
895

長短針繡
364

直線繡
631（2）

鼻子／緞面繡
895（1）

嘴巴／輪廓繡
578（1）

長短針繡
100（2）

長短針繡
578（2）

鼻子／緞面繡
600（1）

嘴巴／輪廓繡
2154（1）

直線繡
2154

長短針繡
2154

長短針繡
364（2）

長短針繡
307（2）

鼻子／緞面繡
895（1）

長短針繡
573

長短針繡
2129

鼻子／緞面繡
600（1）

直線繡
600（1）

直線繡
631（2）

長短針繡
575（2）

緞面繡
575（2）

緞面繡
423（1）

眼睛／直線繡
100（2）
895（1）

長短針繡
100（2）

鼻子／緞面繡
895（1）

輪廓繡
895（1）

長短針繡
423（2）

長短針繡
573

緞面繡
100（1）

長短針繡
578

直線繡
578（1）

直線繡
631

原寸圖案

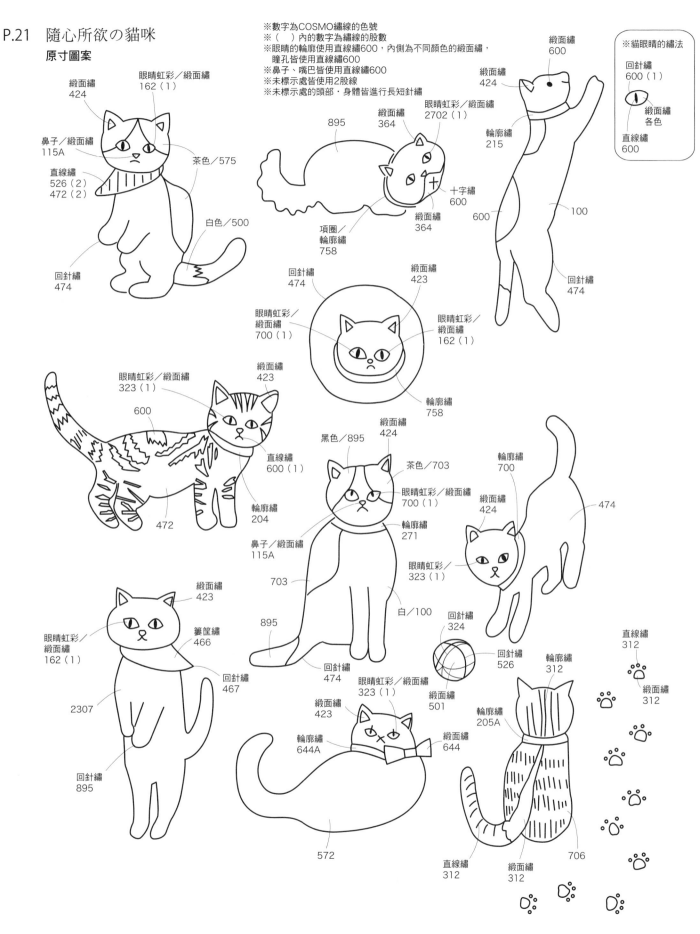

※數字為COSMO繡線的色號
※（　）內的數字為繡線的股數
※眼睛的輪廓使用直線繡600，內側為不同顏色的緞面繡，
　瞳孔皆使用直線繡600
※鼻子、嘴巴皆使用直線繡600
※未標示處皆使用2股線
※未標示處的頭部．身體皆進行長短針繡

※貓眼睛的繡法

回針繡
600（1）

緞面繡
各色

直線繡
600

緞面繡
424

眼睛虹彩／緞面繡
162（1）

鼻子／緞面繡
115A

直線繡
526（2）
472（2）

茶色／575

白色／500

回針繡
474

895

緞面繡
364

眼睛虹彩／緞面繡
2702（1）

十字繡
600

項圈／
輪廓繡
758

緞面繡
364

緞面繡
600

緞面繡
424

輪廓繡
215

600

100

回針繡
474

回針繡
474

緞面繡
423

眼睛虹彩／
緞面繡
700（1）

眼睛虹彩／
緞面繡
162（1）

輪廓繡
758

眼睛虹彩／緞面繡
323（1）

600

緞面繡
423

直線繡
600（1）

輪廓繡
204

472

黑色／895

緞面繡
424

茶色／703

眼睛虹彩／緞面繡
700（1）

輪廓繡
271

眼睛虹彩／
323（1）

鼻子／緞面繡
115A

703

895

白／100

回針繡
474

眼睛虹彩／緞面繡
323（1）

回針繡
324

回針繡
526

緞面繡
501

輪廓繡
700

緞面繡
424

474

輪廓繡
205A

直線繡
312

緞面繡
312

緞面繡
423

籃筐繡
466

眼睛虹彩／
緞面繡
162（1）

回針繡
467

2307

回針繡
895

緞面繡
423

輪廓繡
644A

緞面繡
644

572

直線繡
312

緞面繡
312

706

53

※數字為COSMO繡線的色號
※（　）內的數字為繡線的股數

※未標示處皆使用緞面繡600
　加上小小的直線繡600
※未標示處皆使用2股線

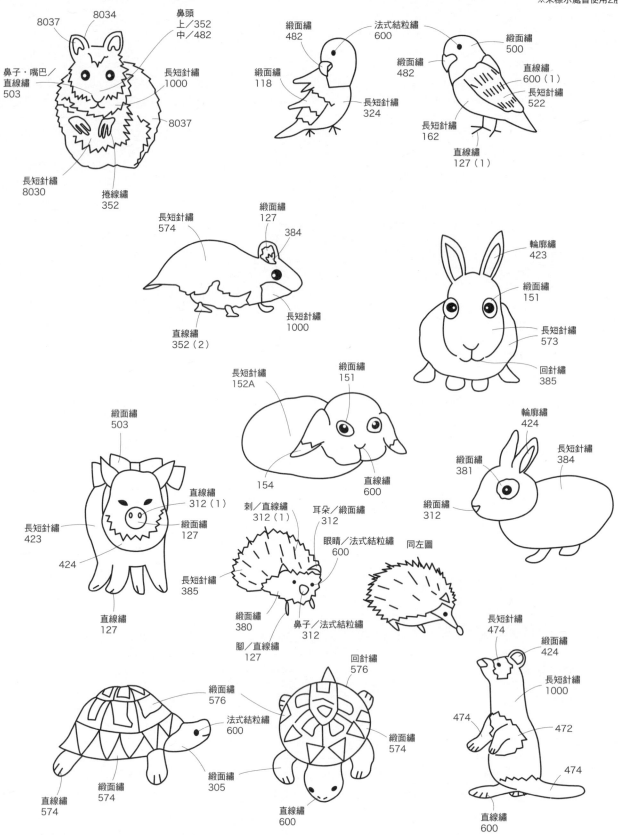

8037
8034
鼻頭
上／352
中／482
鼻子・嘴巴／
直線繡
503
長短針繡
1000
8037
長短針繡
8030
捲線繡
352

緞面繡
482
法式結粒繡
600
緞面繡
118
長短針繡
324
緞面繡
482
緞面繡
500
直線繡
600（1）
長短針繡
522
長短針繡
162
直線繡
127（1）

長短針繡
574
緞面繡
127
384
輪廓繡
423
緞面繡
151
長短針繡
573
回針繡
385
直線繡
352（2）
長短針繡
1000

緞面繡
503
長短針繡
152A
緞面繡
151
輪廓繡
424
長短針繡
384
直線繡
312（1）
緞面繡
127
緞面繡
381
長短針繡
423
424
長短針繡
385
緞面繡
312
直線繡
127

刺／直線繡
312（1）
耳朵／緞面繡
312
眼睛／法式結粒繡
600
同左圖
緞面繡
380
鼻子／法式結粒繡
312
腳／直線繡
127

長短針繡
474
緞面繡
424
回針繡
576
緞面繡
576
法式結粒繡
600
長短針繡
1000
474
472
緞面繡
574
緞面繡
305
474
直線繡
574
緞面繡
574
直線繡
600
直線繡
600

※數字為COSMO繡線的色號
※（　）內的數字為繡線的股數

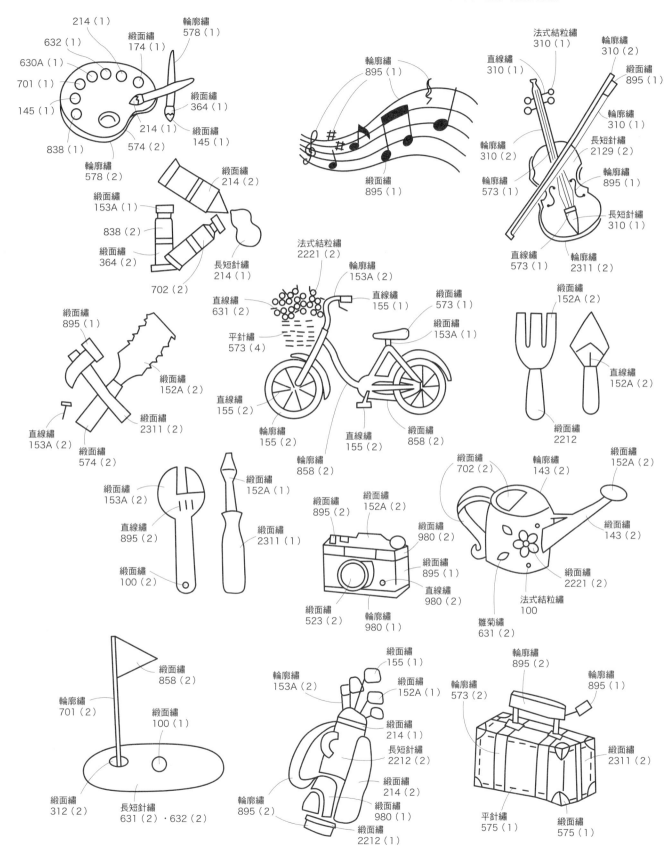

214（1）
緞面繡
174（1）
輪廓繡
578（1）
632（1）
630A（1）
701（1）
緞面繡
364（1）
145（1）
214（1）
緞面繡
145（1）
838（1）
574（2）

輪廓繡
578（2）
緞面繡
214（2）
緞面繡
153A（1）
838（2）
緞面繡
364（2）
長短針繡
214（1）
702（2）

輪廓繡
895（1）
緞面繡
895（1）
輪廓繡
310（2）
輪廓繡
310（2）
緞面繡
573（1）

法式結粒繡
310（1）
直線繡
310（1）
輪廓繡
310（2）
緞面繡
895（1）
輪廓繡
310（1）
長短針繡
2129（2）
輪廓繡
895（1）
長短針繡
310（1）
直線繡
573（1）
輪廓繡
2311（2）

緞面繡
895（1）
緞面繡
153A（2）
長短針繡
214（1）
直線繡
153A（2）
緞面繡
152A（2）
緞面繡
2311（2）
緞面繡
574（2）

法式結粒繡
2221（2）
輪廓繡
153A（2）
直線繡
631（2）
平針繡
573（4）
直線繡
155（1）
緞面繡
573（1）
緞面繡
153A（1）
直線繡
155（2）
輪廓繡
155（2）
輪廓繡
858（2）
直線繡
155（2）
緞面繡
858（2）

緞面繡
152A（2）
直線繡
152A（2）
緞面繡
2212

緞面繡
153A（2）
直線繡
895（2）
緞面繡
152A（1）
緞面繡
2311（1）
緞面繡
100（2）

緞面繡
895（2）
緞面繡
152A（2）
緞面繡
980（2）
緞面繡
895（1）
直線繡
980（2）
緞面繡
523（2）
輪廓繡
980（1）

緞面繡
702（2）
輪廓繡
143（2）
緞面繡
152A（2）
緞面繡
143（2）
緞面繡
2221（2）
法式結粒繡
100
雛菊繡
631（2）

緞面繡
858（2）
輪廓繡
701（2）
緞面繡
100（1）
緞面繡
312（2）
長短針繡
631（2）・632（2）

輪廓繡
153A（2）
緞面繡
155（1）
緞面繡
152A（1）
緞面繡
214（1）
長短針繡
2212（2）
緞面繡
214（2）
輪廓繡
895（2）
緞面繡
980（1）
緞面繡
2212（1）

輪廓繡
895（2）
輪廓繡
573（2）
輪廓繡
895（1）
緞面繡
2311（2）
平針繡
575（1）
緞面繡
575（1）

※未標示處皆使用2股線
※未標示處皆進行緞面繡

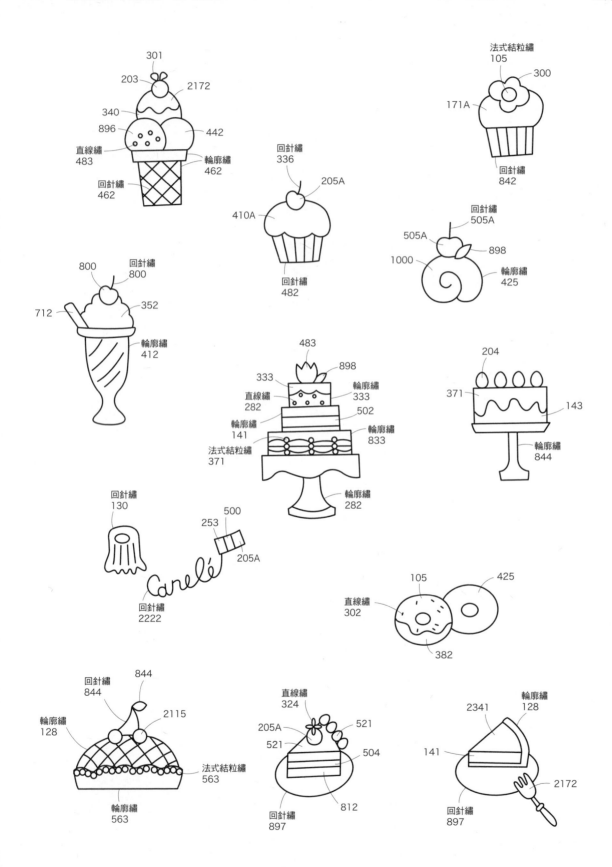

301
203
2172
340
896
442
直線繡
483
輪廓繡
462
回針繡
462

法式結粒繡
105
300
171A
回針繡
842

回針繡
336
205A
410A
回針繡
482

回針繡
505A
505A
505A
898
1000
輪廓繡
425

800
回針繡
800
352
712
輪廓繡
412

483
333
898
直線繡
282
輪廓繡
333
502
輪廓繡
141
輪廓繡
833
法式結粒繡
371
輪廓繡
282

204
371
143
輪廓繡
844

回針繡
130
253
500
205A
Carelé
回針繡
2222

105
425
直線繡
302
382

回針繡
844
844
2115
輪廓繡
128
法式結粒繡
563
輪廓繡
563

直線繡
324
205A
521
521
504
812
回針繡
897

輪廓繡
128
2341
141
2172
回針繡
897

※數字為COSMO繡線的色號
※（　）內的數字為繡線的股數
※未標示處皆使用2股線
※未標示處皆進行緞面繡

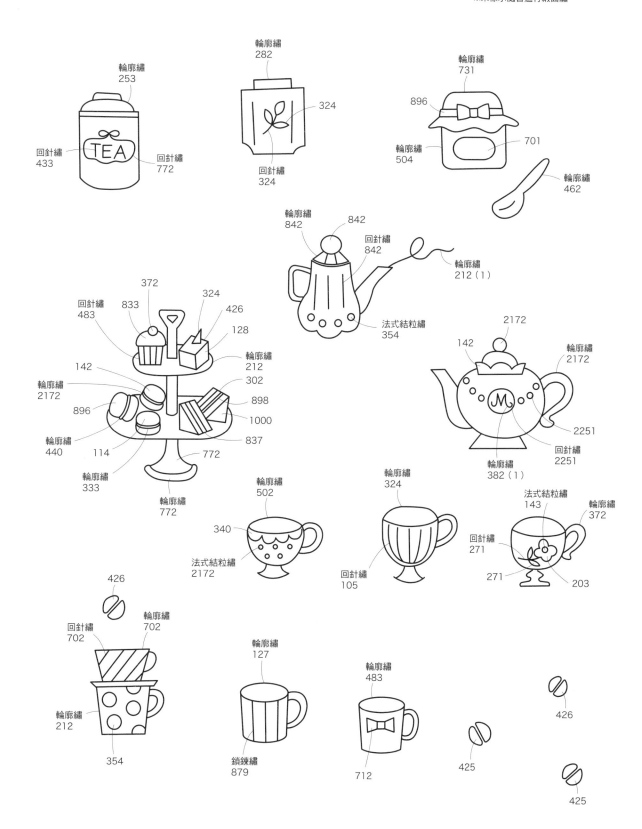

輪廓繡
253

輪廓繡
282

輪廓繡
731

回針繡
433

TEA

回針繡
772

324

回針繡
324

896

輪廓繡
504

701

輪廓繡
462

輪廓繡
842

842

回針繡
842

輪廓繡
212（1）

法式結粒繡
354

回針繡
483

372

833

324

426

128

2172

142

輪廓繡
212

輪廓繡
2172

896

302

898

1000

837

輪廓繡
440

114

772

輪廓繡
333

輪廓繡
772

輪廓繡
2172

142

輪廓繡
2172

2251

回針繡
2251

輪廓繡
382（1）

輪廓繡
502

輪廓繡
324

法式結粒繡
143

輪廓繡
372

340

回針繡
271

法式結粒繡
2172

回針繡
105

271

203

426

回針繡
702

輪廓繡
702

輪廓繡
127

輪廓繡
483

426

輪廓繡
212

354

鎖鍊繡
879

712

425

425

※數字為COSMO繡線的色號
※（　）內的數字為繡線的股數

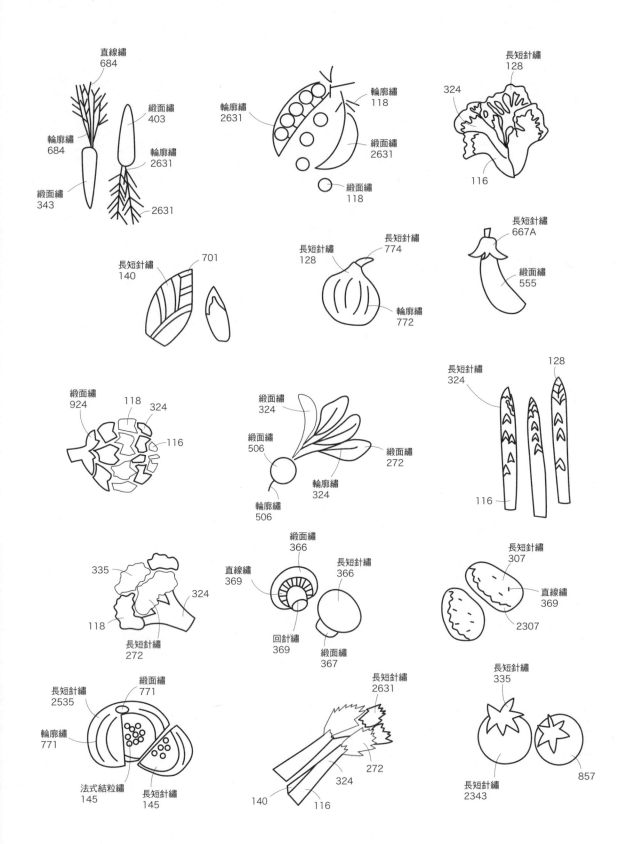

直線繡
684

輪廓繡
684

緞面繡
403

輪廓繡
2631

緞面繡
343

2631

輪廓繡
2631

輪廓繡
118

緞面繡
2631

緞面繡
118

長短針繡
128

324

116

長短針繡
140

701

長短針繡
128

長短針繡
774

輪廓繡
772

長短針繡
667A

緞面繡
555

緞面繡
924

118

324

116

緞面繡
324

緞面繡
506

緞面繡
272

輪廓繡
324

輪廓繡
506

長短針繡
324

128

116

335

324

118

長短針繡
272

緞面繡
366

直線繡
369

長短針繡
366

回針繡
369

緞面繡
367

長短針繡
307

直線繡
369

2307

長短針繡
335

長短針繡
2535

緞面繡
771

輪廓繡
771

法式結粒繡
145

長短針繡
145

長短針繡
2631

272

324

140

116

長短針繡
2343

857

58

※數字為COSMO繡線的色號
※（　）內的數字為繡線的股數

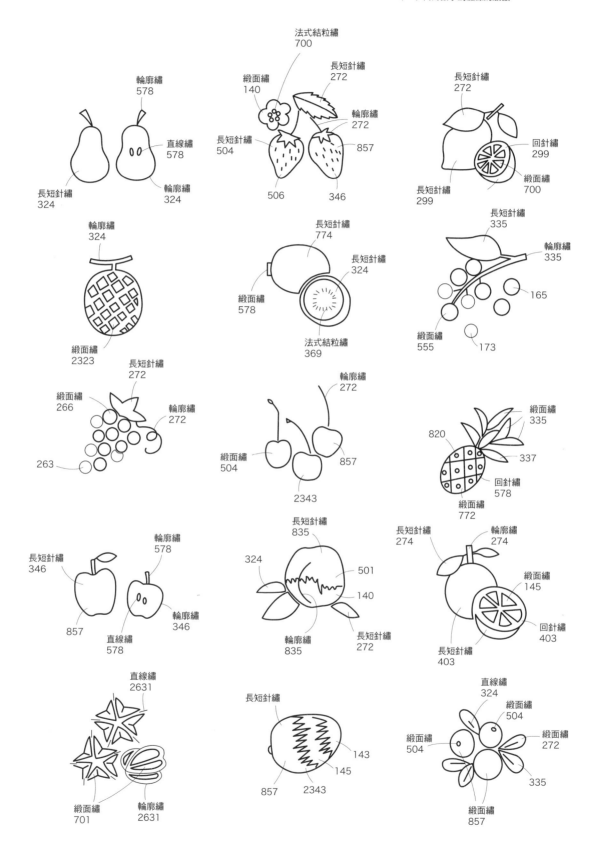

輪廓繡
578

直線繡
578

長短針繡
324

輪廓繡
324

法式結粒繡
700

緞面繡
140

長短針繡
272

輪廓繡
272

長短針繡
504

857

506　　346

長短針繡
272

回針繡
299

緞面繡
700

長短針繡
299

輪廓繡
324

緞面繡
2323

長短針繡
774

長短針繡
324

緞面繡
578

法式結粒繡
369

長短針繡
335

輪廓繡
335

165

緞面繡
555

173

緞面繡
266

長短針繡
272

輪廓繡
272

263

輪廓繡
272

緞面繡
504

857

2343

緞面繡
335

820

337

回針繡
578

緞面繡
772

長短針繡
346

輪廓繡
578

輪廓繡
346

857

直線繡
578

長短針繡
835

324

501

140

輪廓繡
835

長短針繡
272

長短針繡
274

輪廓繡
274

緞面繡
145

回針繡
403

長短針繡
403

直線繡
2631

緞面繡
701

輪廓繡
2631

長短針繡

143

145

857　　2343

直線繡
324

緞面繡
504

緞面繡
504

緞面繡
272

335

緞面繡
857

※數字為COSMO繡線的色號　　※標示★處請以輪廓繡填滿
※（　）內的數字為繡線的股數

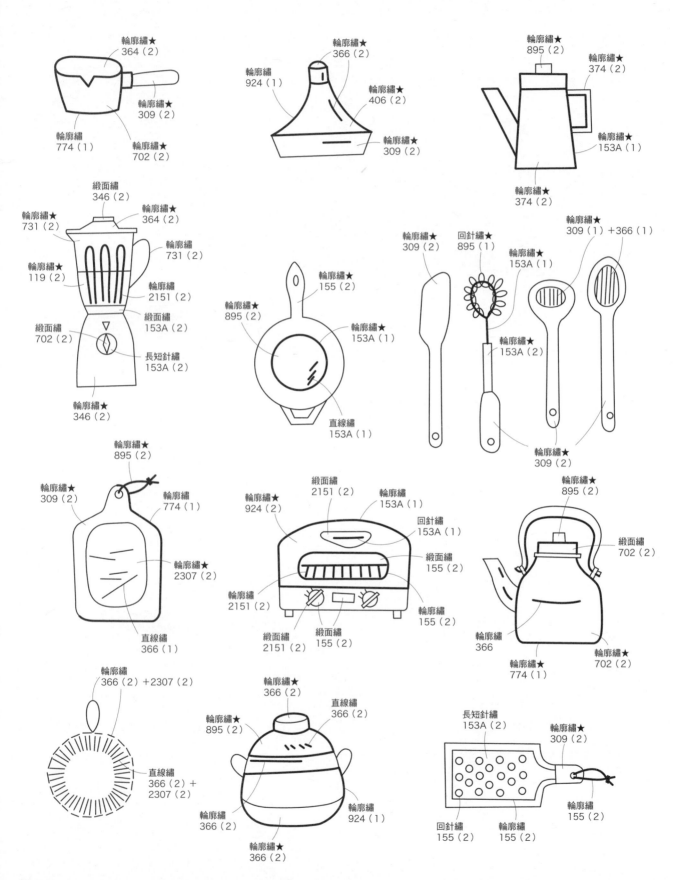

輪廓繡★
364（2）

輪廓繡★
309（2）

輪廓繡
774（1）

輪廓繡★
702（2）

輪廓繡★
366（2）

輪廓繡
924（1）

輪廓繡★
406（2）

輪廓繡★
309（2）

輪廓繡★
895（2）

輪廓繡★
374（2）

輪廓繡★
153A（1）

輪廓繡★
374（2）

緞面繡
346（2）

輪廓繡★
731（2）

輪廓繡★
364（2）

輪廓繡★
731（2）

輪廓繡★
119（2）

輪廓繡★
2151（2）

緞面繡
153A（2）

緞面繡
702（2）

長短針繡
153A（2）

輪廓繡★
346（2）

輪廓繡★
155（2）

輪廓繡★
895（2）

輪廓繡★
153A（1）

直線繡
153A（1）

輪廓繡★
309（2）

回針繡★
895（1）

輪廓繡★
153A（1）

輪廓繡★
309（1）+366（1）

輪廓繡★
153A（2）

輪廓繡★
309（2）

輪廓繡★
895（2）

輪廓繡★
309（2）

輪廓繡
774（1）

輪廓繡★
2307（2）

直線繡
366（1）

緞面繡
2151（2）

輪廓繡★
153A（1）

輪廓繡★
924（2）

回針繡
153A（1）

緞面繡
155（2）

輪廓繡
2151（2）

緞面繡
2151（2）

緞面繡
155（2）

輪廓繡
155（2）

輪廓繡★
895（2）

緞面繡
702（2）

輪廓繡
366

輪廓繡
774（1）

輪廓繡★
702（2）

輪廓繡
366（2）+2307（2）

直線繡
366（2）+
2307（2）

輪廓繡★
366（2）

直線繡
366（2）

輪廓繡★
895（2）

輪廓繡
366（2）

輪廓繡
924（1）

輪廓繡★
366（2）

長短針繡
153A（2）

輪廓繡★
309（2）

輪廓繡
155（2）

回針繡
155（2）

輪廓繡
155（2）

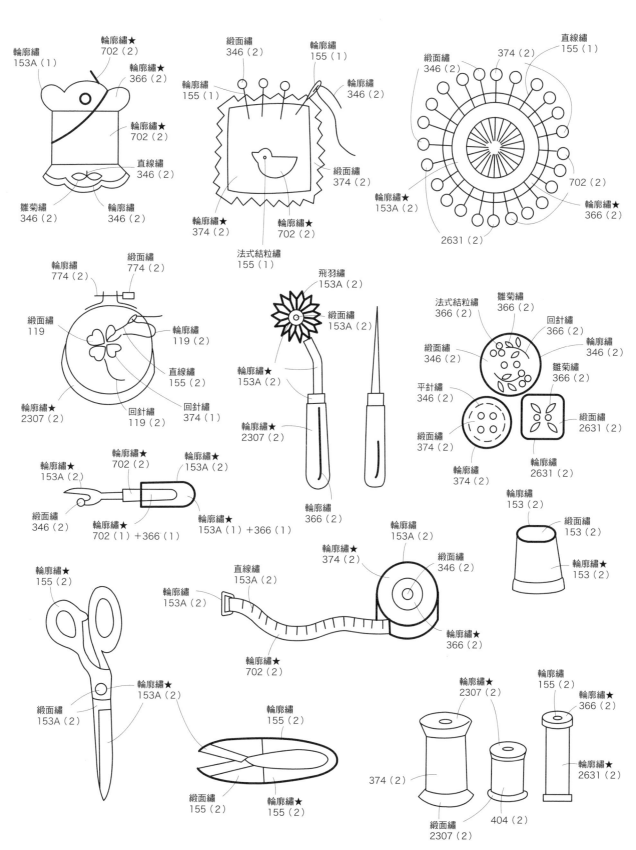

輪廓繡
153A（1）

輪廓繡★
702（2）

輪廓繡★
366（2）

輪廓繡★
702（2）

直線繡
346（2）

雛菊繡
346（2）

輪廓繡
346（2）

緞面繡
346（2）

輪廓繡
155（1）

輪廓繡
155（1）

輪廓繡
346（2）

緞面繡
374（2）

輪廓繡★
374（2）

輪廓繡★
702（2）

法式結粒繡
155（1）

緞面繡
346（2）

直線繡
155（1）

374（2）

輪廓繡★
153A（2）

2631（2）

702（2）

輪廓繡★
366（2）

輪廓繡
774（2）

緞面繡
774（2）

緞面繡
119

輪廓繡
119（2）

直線繡
155（2）

輪廓繡★
2307（2）

回針繡
119（2）

回針繡
374（1）

飛羽繡
153A（2）

緞面繡
153A（2）

輪廓繡★
153A（2）

輪廓繡★
2307（2）

輪廓繡
366（2）

法式結粒繡
366（2）

雛菊繡
366（2）

緞面繡
346（2）

回針繡
366（2）

輪廓繡
346（2）

雛菊繡
366（2）

平針繡
346（2）

緞面繡
374（2）

輪廓繡
374（2）

輪廓繡
2631（2）

緞面繡
2631（2）

輪廓繡
153（2）

緞面繡
153（2）

輪廓繡★
153（2）

輪廓繡★
153A（2）

輪廓繡★
702（2）

輪廓繡★
153A（2）

緞面繡
346（2）

輪廓繡★
702（1）+366（1）

輪廓繡★
153A（1）+366（1）

輪廓繡★
155（2）

直線繡
153A（2）

輪廓繡
153A（2）

輪廓繡★
374（2）

輪廓繡
153A（2）

緞面繡
346（2）

輪廓繡★
366（2）

輪廓繡★
702（2）

緞面繡
153A（2）

輪廓繡★
153A（2）

輪廓繡
155（2）

緞面繡
155（2）

輪廓繡★
155（2）

輪廓繡★
2307（2）

輪廓繡
155（2）

輪廓繡★
366（2）

374（2）

緞面繡
2307（2）

404（2）

輪廓繡★
2631（2）

※數字為COSMO繡線的色號
※（ ）內的數字為繡線的股數
※未標示處皆使用2股線
※未標示處進行緞面繡

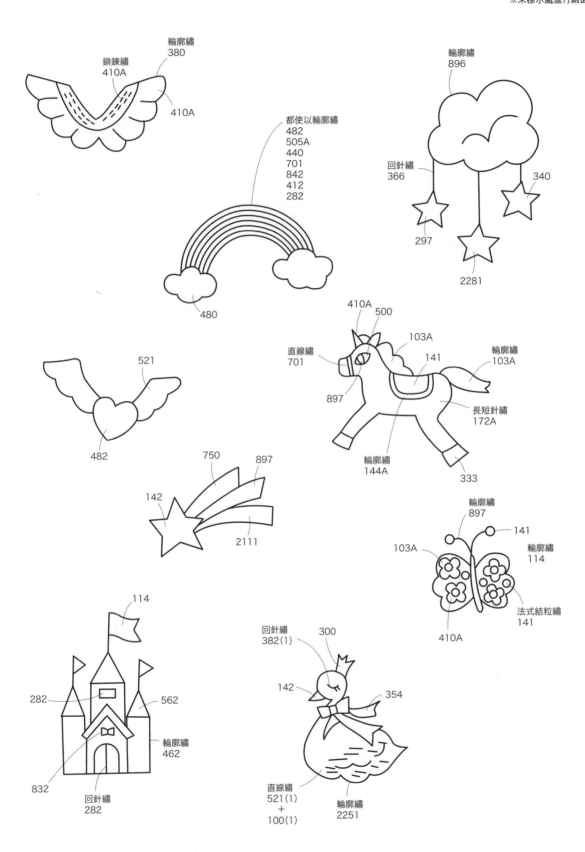

輪廓繡
380

鎖鍊繡
410A

410A

輪廓繡
896

回針繡
366

340

297

2281

都使以輪廓繡
482
505A
440
701
842
412
282

480

521

482

410A
500

直線繡
701

103A

141

輪廓繡
103A

897

長短針繡
172A

輪廓繡
144A

333

750

897

142

2111

輪廓繡
897

141

103A

輪廓繡
114

法式結粒繡
141

410A

114

282

562

輪廓繡
462

832

回針繡
282

回針繡
382(1)

300

142

354

直線繡
521(1)
+
100(1)

輪廓繡
2251

※數字為COSMO繡線的色號
※（　）內的數字為繡線的股數
※未標示處皆使用2股線
※未標示處皆進行緞面繡

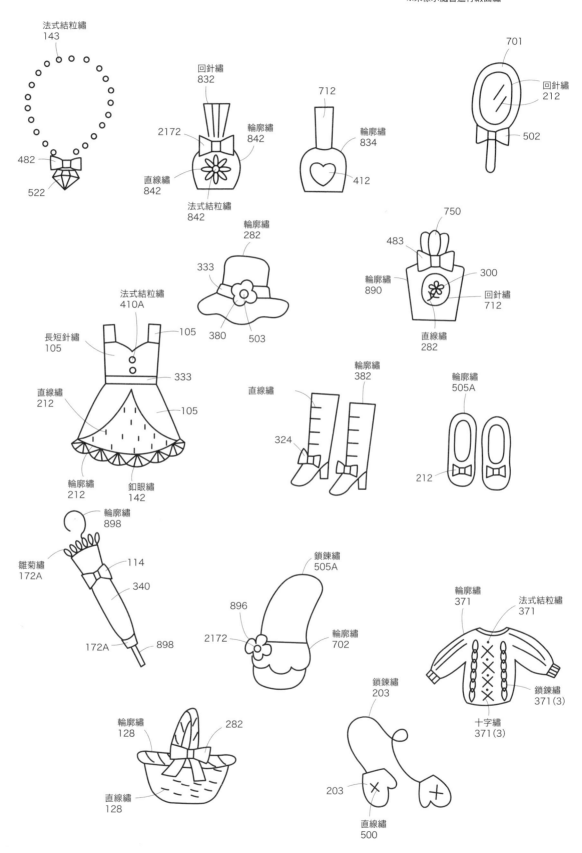

法式結粒繡
143

482
522

回針繡
832
2172
直線繡
842
輪廓繡
842
法式結粒繡
842

712
輪廓繡
834
412

701
回針繡
212
502

輪廓繡
282
333
380　503

483
750
輪廓繡
890
300
回針繡
712
直線繡
282

法式結粒繡
410A
長短針繡
105
105
333
105
直線繡
212
輪廓繡
212
釦眼繡
142

直線繡
輪廓繡
382
324

輪廓繡
505A
212

輪廓繡
898
雛菊繡
172A
114
340
172A　898

鎖鍊繡
505A
896
2172
輪廓繡
702

輪廓繡
371
法式結粒繡
371
鎖鍊繡
371(3)
十字繡
371(3)

輪廓繡
128
282
直線繡
128

鎖鍊繡
203
203
直線繡
500

※數字為COSMO繡線的色號
※（　）內的數字為繡線的股數
※未標示處皆使用2股線
※未標示處皆進行長短針繡

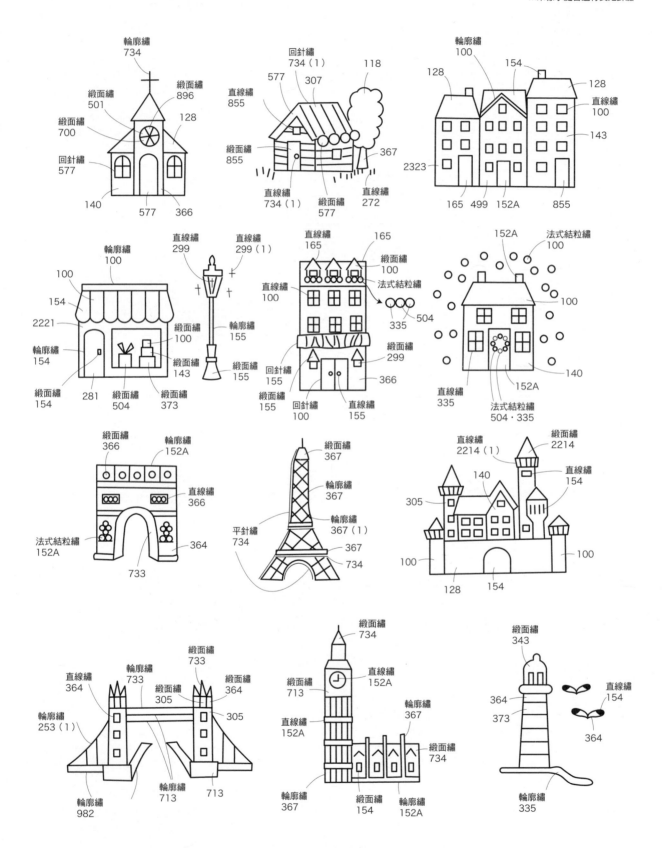

※數字為COSMO繡線的色號
※（　）內的數字為繡線的股數
※未標示處皆使用2股線
※未標示處皆進行長短針繡

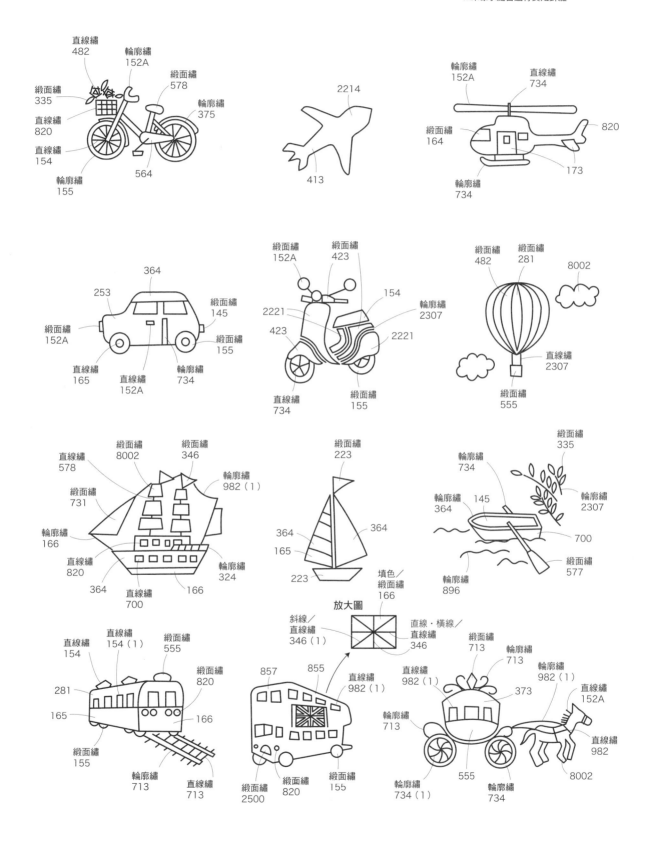

直線繡
482

輪廓繡
152A

緞面繡
578

輪廓繡
375

緞面繡
335

直線繡
820

直線繡
154

輪廓繡
155

564

2214

413

輪廓繡
152A

直線繡
734

緞面繡
164

820

173

輪廓繡
734

364

253

緞面繡
145

緞面繡
152A

緞面繡
155

直線繡
165

直線繡
152A

輪廓繡
734

緞面繡
152A

緞面繡
423

154

輪廓繡
2307

2221

423

2221

直線繡
734

緞面繡
155

緞面繡
482

緞面繡
281

8002

直線繡
2307

緞面繡
555

緞面繡
335

輪廓繡
734

輪廓繡
364

145

輪廓繡
2307

700

緞面繡
577

輪廓繡
896

直線繡
578

緞面繡
8002

緞面繡
346

輪廓繡
982（1）

緞面繡
731

輪廓繡
166

直線繡
820

364

166

直線繡
700

輪廓繡
324

緞面繡
223

364

364

165

223

填色／
緞面繡
166

放大圖

斜線／
直線繡
346（1）

直線・橫線／
直線繡
346

直線繡
154

直線繡
154（1）

緞面繡
555

緞面繡
820

緞面繡
281

165

166

緞面繡
155

輪廓繡
713

直線繡
713

857

855

直線繡
982（1）

緞面繡
2500

緞面繡
820

緞面繡
155

緞面繡
713

輪廓繡
713

輪廓繡
982（1）

直線繡
982（1）

373

直線繡
152A

輪廓繡
713

555

輪廓繡
734（1）

輪廓繡
734

直線繡
982

8002

※數字為COSMO繡線的色號
※（　）內的數字為繡線的股數
※未標示處皆使用2股線
※未標示處皆進行鎖鍊繡

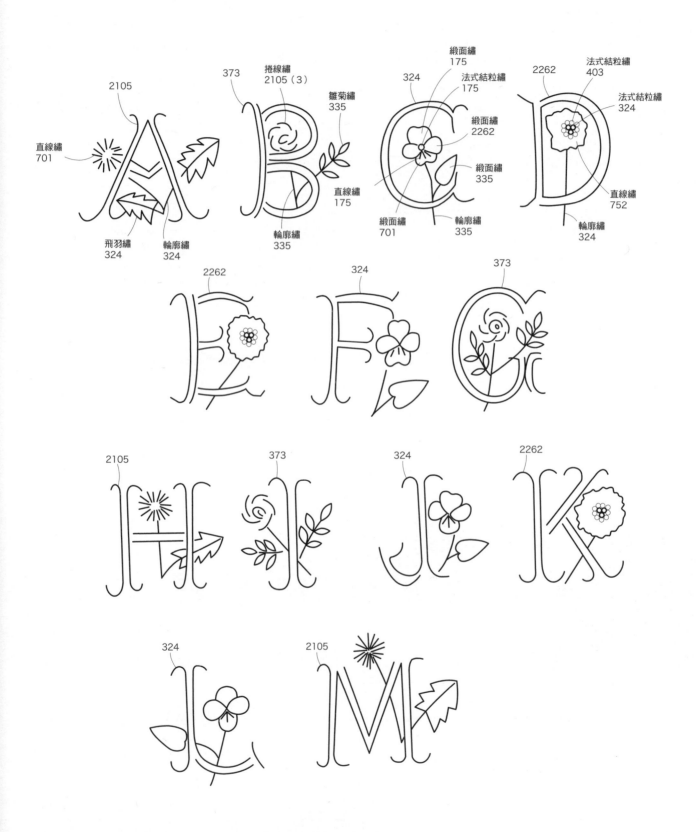

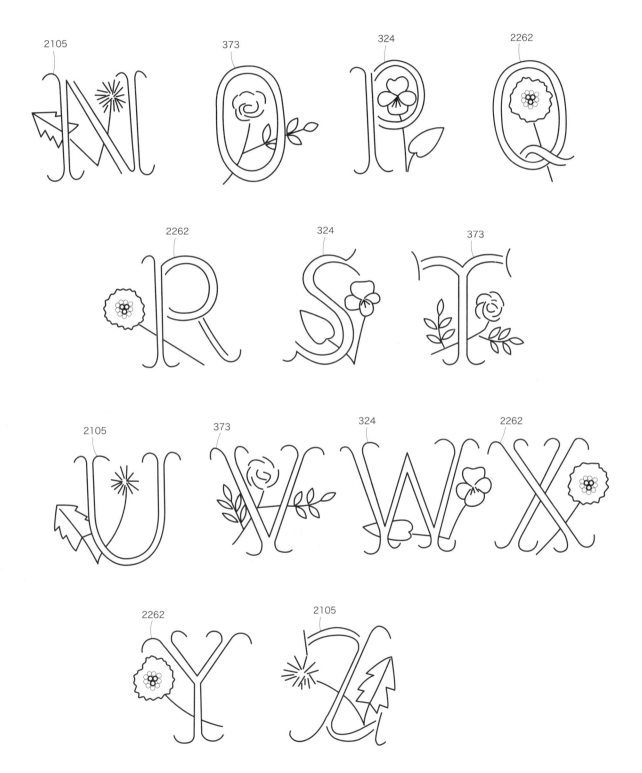

※數字為COSMO繡線的色號
※（　）內的數字為繡線的股數
※未標示處皆使用2股線
※未標示處皆進行鎖鍊繡

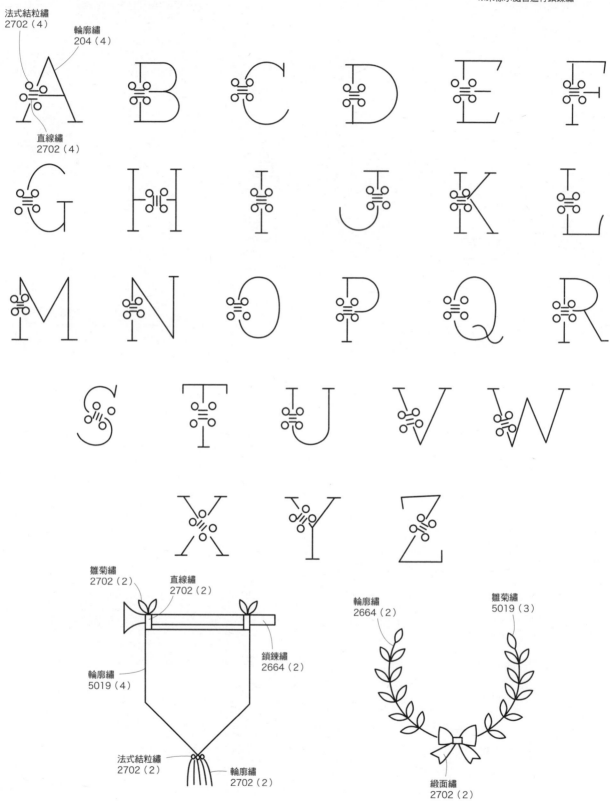

法式結粒繡
2702（4）

輪廓繡
204（4）

直線繡
2702（4）

雛菊繡
2702（2）

直線繡
2702（2）

輪廓繡
5019（4）

鎖鍊繡
2664（2）

法式結粒繡
2702（2）

輪廓繡
2702（2）

輪廓繡
2664（2）

雛菊繡
5019（3）

緞面繡
2702（2）

※數字為COSMO繡線的色號
※（　）內的數字為繡線的股數

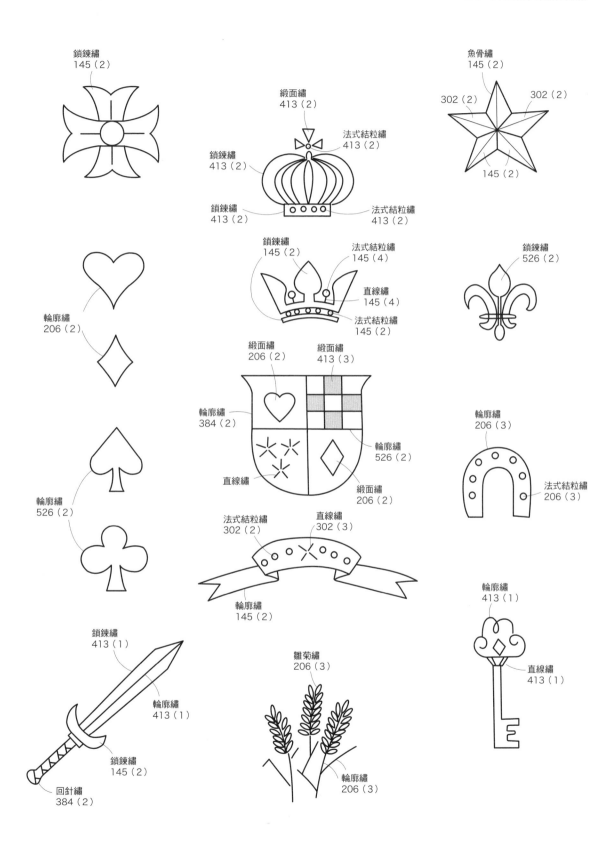

鎖鍊繡
145（2）

緞面繡
413（2）

法式結粒繡
413（2）

鎖鍊繡
413（2）

鎖鍊繡
413（2）

法式結粒繡
413（2）

魚骨繡
145（2）

302（2）　　302（2）

145（2）

鎖鍊繡
145（2）

法式結粒繡
145（4）

直線繡
145（4）

法式結粒繡
145（2）

鎖鍊繡
526（2）

輪廓繡
206（2）

輪廓繡
526（2）

緞面繡
206（2）

緞面繡
413（3）

輪廓繡
384（2）

輪廓繡
526（2）

直線繡

緞面繡
206（2）

輪廓繡
206（3）

法式結粒繡
206（3）

法式結粒繡
302（2）

直線繡
302（3）

輪廓繡
145（2）

輪廓繡
413（1）

直線繡
413（1）

鎖鍊繡
413（1）

輪廓繡
413（1）

鎖鍊繡
145（2）

回針繡
384（2）

雛菊繡
206（3）

輪廓繡
206（3）

※圖樣中的數字單位為cm。
※圖樣不含縫分。未標示處請預留1cm縫分再裁剪。
※裁切線已包含縫分。
※所標示繡線色號為COSMO繡線的色號。

圖樣　袋身2片（於前片正面刺繡）

P.4　1

材料
表布（棉）60×30cm
真皮提把一組（長度約38cm／INAZUMA／BM-3893A-#4）
25號繡線

作法
1. 在袋身上刺繡。
2. 將兩片袋身布正面相對疊合，車縫三邊。
3. 折起袋口處並縫起。
4. 裝上提把。

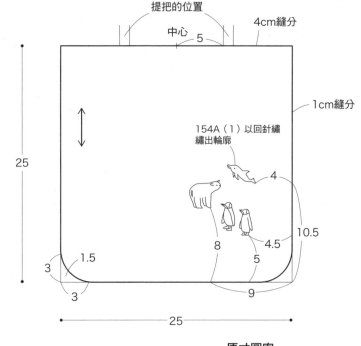

提把的位置
中心
5
4cm縫分
1cm縫分
154A（1）以回針繡
繡出輪廓
25
4
10.5
1.5
3
8
4.5
5
3
9
25

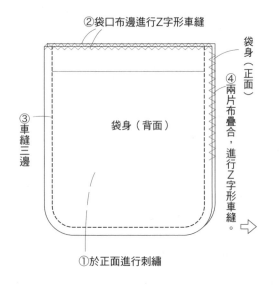

②袋口布邊進行Z字形車縫
袋身（正面）
④兩片布疊合，進行Z字形車縫。
③車縫三邊
袋身（背面）
①於正面進行刺繡

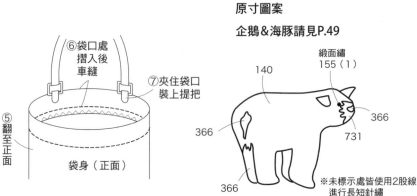

⑥袋口處摺入後車縫
⑦夾住袋口裝上提把
⑤翻至正面
袋身（正面）

原寸圖案
企鵝&海豚請見P.49

緞面繡
155（1）
140
366
366
731
366
366
※未標示處皆使用2股線
進行長短針繡

P.5　3

材料
表布（棉）35×15cm
布襯（薄）35×15cm
市售的手藝用零錢包 1個
25號繡線

作法
1. 在表布上刺繡。
2. 將布襯貼在表布上。
3. 加上縫分後裁剪。
4. 以藏針縫縫於零錢包上。

圖案請見P.48

圖樣　表布2片（於正面刺繡）

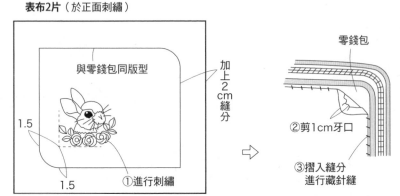

與零錢包同版型
加上2cm縫分
1.5
1.5
①進行刺繡

零錢包
②剪1cm牙口
③摺入縫分
進行藏針縫

P.5 2

材料
表布（棉）25×20cm
裡布（棉）25×20cm
布襯（薄）25×20cm
拉鍊（20cm）1條
25號繡線

作法
1. 在袋身上進行刺繡。
   貼上布襯，縫上拉鍊。

圖樣　袋身（表布2片・布襯2片）
　　　裡布2片

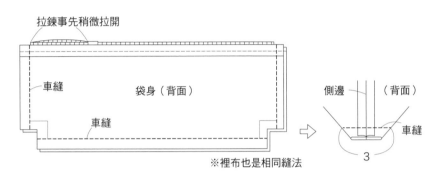

刺繡於前側

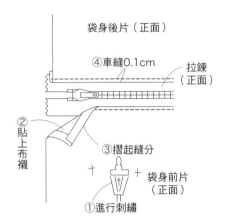

袋身後片（正面）
④車縫0.1cm
拉鍊（正面）
②貼上布襯
③摺起縫分
①進行刺繡
袋身前片（正面）

2. 將兩片袋身布料正面相對疊合，車縫邊和底部。包底側邊展開車縫。

拉鍊事先稍微拉開
車縫　袋身（背面）　車縫
※裡布也是相同縫法
側邊（背面）　車縫　3

3. 將袋身與裡布疊合，
   袋口摺入後縫起。

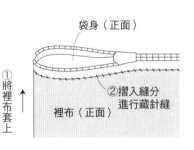

袋身（正面）
①將裡布套上
②摺入縫分進行藏針縫
裡布（正面）

4. 加上裝飾。

於拉鍊頭加上緞帶
0.5縫起　緞帶
6.5

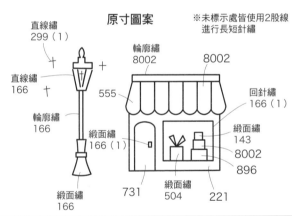

原寸圖案
※未標示處皆使用2股線進行長短針繡

直線繡 299（1）
直線繡 166
輪廓繡 166
緞面繡 166（1）
緞面繡 166
731
輪廓繡 8002
8002
555
回針繡 166（1）
緞面繡 143
8002
896
緞面繡 504
221

P.8 12

圖樣

表布2片（於前片正面刺繡）

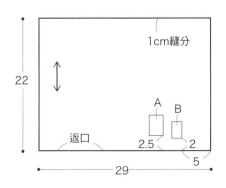

1cm縫分
22
A　B
返口
2.5　2
5
29

材料
表布（棉）65×25cm
25號繡線

作法
1. 於表布上進行刺繡。
2. 將兩片表布正面相對疊合，車縫四周只留下返口。
3. 從返口翻回正面，進行藏針縫。

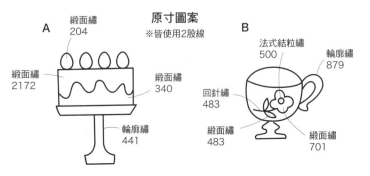

A
緞面繡 204
緞面繡 2172
緞面繡 340
輪廓繡 441

原寸圖案
※皆使用2股線

B
法式結粒繡 500
輪廓繡 879
回針繡 483
緞面繡 483
緞面繡 701

材料（共通）
表布（麻）10×10cm
包扣・別針材料1組
（4／橢圓形55・5／圓形40）
25號繡線

作法
1. 在表布上進行刺繡。
2. 在表布周圍進行縮縫。
3. 包住包扣或別針的表面零件後，拉緊線。
4. 將背面的零件裝上，並加上別針。

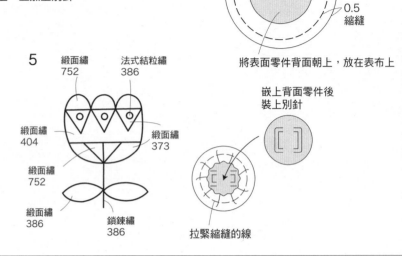

完成刺繡的布（背面）
1縫分
0.5
縮縫
將表面零件背面朝上，放在表布上

嵌上背面零件後
裝上別針

拉緊縮縫的線

4
緞面繡
373
404
法式結粒繡
386
緞面繡
386
長短針繡
752
鎖鍊繡
386
雛菊繡
404
373
386
373
404
373
404
直線繡
386

原寸圖案
※皆使用2股線

5
緞面繡
752
法式結粒繡
386
緞面繡
404
緞面繡
373
緞面繡
752
緞面繡
386
鎖鍊繡
386

材料
表布（麻）40×20cm
鋪棉（厚）40×20cm
標籤布（棉）8×4cm
25號繡線

作法
1. 在表布上進行刺繡。
2. 製作標籤。
3. 將鋪棉和表布疊合，四片布一起車縫。
4. 將縫分處的鋪棉剪掉。
5. 從返口翻回到正面，以藏針縫縫合返口。

原寸圖案
※皆使用2股線

綠色蘆筍　白色蘆筍

長短針繡
272
直線繡
128
長短針繡
324

直線繡
700
長短針繡
140

※蘆筍的配置請參照P.58

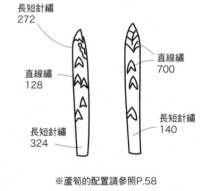

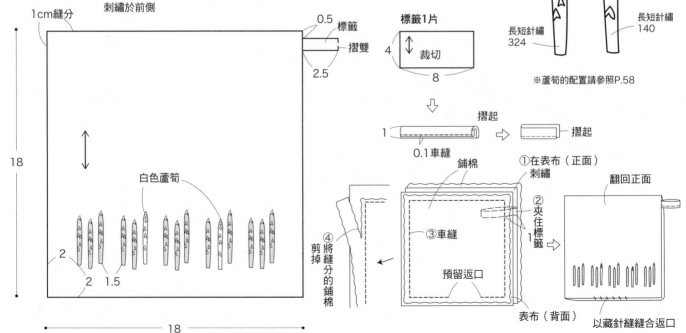

圖樣　本體（表布2片・鋪棉2片）
刺繡於前側
1cm縫分
0.5
標籤
摺雙
2.5

標籤1片
4
裁切
8

18
白色蘆筍
2
2　1.5
18

1
0.1車縫
摺起
摺起

鋪棉
①在表布（正面）刺繡
②夾住標籤
1
③車縫
預留返口
④剪掉將縫分的鋪棉
表布（背面）

翻回正面
以藏針縫縫合返口

材料（共通）
表布（棉麻）14×42cm
色丁緞帶（0.6cm寬）80cm
25號繡線

作法
1. 在表布上進行刺繡。
2. 底部對折，縫起兩側。
3. 袋口折起，預留穿緞帶的通道進行車縫。
4. 穿過兩條緞帶。

7的刺繡圖案請見P.46
8的刺繡圖案請見P.47

圖樣

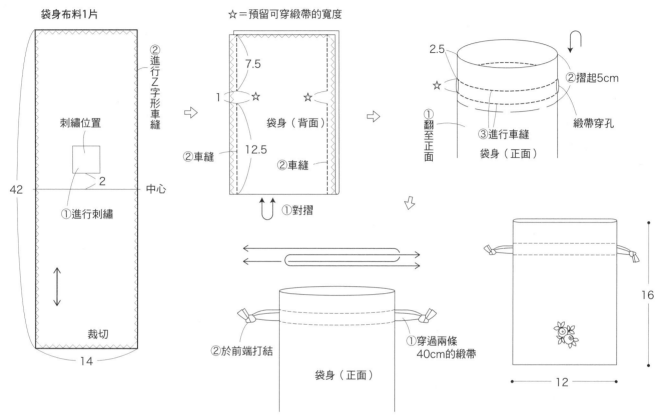

袋身布料1片
②進行Z字形車縫
刺繡位置
①進行刺繡
42
中心
2
裁切
14

☆＝預留可穿緞帶的寬度
7.5
1
☆   ☆
袋身（背面）
②車縫   12.5   ②車縫
①對摺

2.5
☆   ②摺起5cm
①翻至正面   ③進行車縫   緞帶穿孔
袋身（正面）

②於前端打結   ①穿過兩條40cm的緞帶
袋身（正面）

16
12

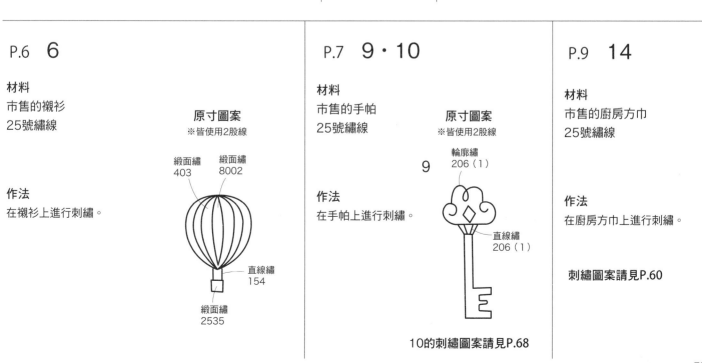

材料
市售的襯衫
25號繡線

作法
在襯衫上進行刺繡。

原寸圖案
※皆使用2股線

緞面繡403   緞面繡8002
直線繡154
緞面繡2535

材料
市售的手帕
25號繡線

作法
在手帕上進行刺繡。

原寸圖案
※皆使用2股線

9
輪廓繡206（1）
直線繡206（1）

10的刺繡圖案請見P.68

材料
市售的廚房方巾
25號繡線

作法
在廚房方巾上進行刺繡。

刺繡圖案請見P.60

材料

表布（棉）75×25cm

裡布（棉）75×25cm

緞帶布（棉）15×10cm

鋪棉（厚）75×25cm

25號繡線

原寸圖案

※皆使用2股線

緞面繡 114

緞面繡 142

輪廓繡 114

回針繡 897

緞面繡 897

回針繡 425（1）

※刺繡於表布前片

作法

1. 在表布上進行刺繡。

2. 將表布和鋪棉共4片布疊合，車縫圓弧處。

中心摺雙

①在表布正面進行刺繡

疊上鋪棉

②車縫

表布（正面）

本體（背面）

表布（背面）

③將縫分的鋪棉剪掉

④打開縫分

原寸紙型

本體（表布2片・鋪棉2片）

裡布2片

3. 縫合裡布。

①車縫

裡布（正面）

裡布（背面）

預留比本體長3cm的布料再進行剪裁

②打開縫分

4. 將裡布塞進本體，折起開口邊角，車縫。

本體（正面）

表布的裁切邊

③摺起2cm

④0.1 車縫

②摺起1cm

①將裡布塞進本體

5. 製作蝴蝶結，縫在本體上。

緞帶A 1片

7

7

返口

①車縫 0.5cm

（背面）

↓②摺起

③打開縫分

④車縫

緞帶B 1片

4

6

摺起1.5cm

↓ 摺起0.5cm 進行藏針縫

翻回正面的緞帶A

約6

約20

約30

周圍留1的縫分

表布・鋪棉的裁切線

裡布要多加3cm

趣‧手藝 94

清新&可愛小刺繡圖案300+：
一起來繡花朵‧小動物‧日常雜貨吧！

作　　者／BOUTIQUE-SHA
譯　　者／黃盈琪
發 行 人／詹慶和
總 編 輯／蔡麗玲
執行編輯／陳昕儀
編　　輯／蔡毓玲‧劉蕙寧‧黃璟安‧陳姿伶‧李宛真
執行美編／周盈汝
美術編輯／陳麗娜‧韓欣恬
內頁排版／造極
出版者／Elegant-Boutique新手作
發行者／悅智文化事業有限公司
郵政劃撥帳號／19452608
戶名／悅智文化事業有限公司
地址／220新北市板橋區板新路206號3樓
電子信箱／elegant.books@msa.hinet.net
網址／www.elegantbooks.com.tw
電話／（02）8952-4078
傳真／（02）8952-4084

2019年1月初版一刷　定價320元

Lady Boutique Series No.4456
ONE POINT SHISHU NO ZUANSHU
©2017 Boutique-sha, Inc.
All rights reserved.
Original Japanese edition published in Japan by BOUTIQUE-SHA.
Chinese (in complex character) translation rights arranged with
BOUTIQUE-SHA
through Keio Cultural Enterprise Co., Ltd., New Taipei City, Taiwan.

經銷／易可數位行銷股份有限公司
地址／新北市新店區寶橋路235巷6弄3號5樓
電話／(02)8911-0825　傳真／(02)8911-0801

Staff
責任編輯／名取美香‧三城洋子
作法校閱／安彥友美
攝　　影／腰塚良彦（影像處理）
　　　　　藤田律子（封面‧扉頁插圖）
書本設計／牧陽子
插　　圖／白井麻衣

國家圖書館出版品預行編目(CIP)資料

清新&可愛小刺繡圖案300+：一起來繡花朵.小動
物.日常雜貨吧! / BOUTIQUE-SHA著；黃盈琪譯.
-- 初版. -- 新北市：新手作出版：悅智文化發行，
2019.01
　面；　公分. -- (趣.手藝；94)
ISBN 978-986-96655-8-2(平裝)

1.刺繡 2.手工藝

426.2　　　　　　　　　　　　　107018298

趣‧手藝 27

紙の創意！一起來作75道簡單
又好玩的摺紙甜點×料理
BOUTIQUE-SHA◎著
定價280元

趣‧手藝 28

活用度100%！500枚橡皮章日
日刻
BOUTIQUE-SHA◎著
定價280元

趣‧手藝 29

nap's小可愛手作帖：小玩皮！
雜貨控的手縫皮革小物
長崎優子◎著
定價280元

趣‧手藝 30

讓人的夢幻手作！光澤感×超
擬真，一眼就愛上的甜點黏土
飾品37款(暢銷版)
河出書房新社編輯部◎著
定價300元

趣‧手藝 31

心意、造型、色彩all in one
一次學會緞帶×紙張的包裝設
計24招！
長谷良子◎著
定價300元

趣‧手藝 32

獻上女孩的優雅&浪漫
天然石×珍珠的結編飾品設計
69款
日本ヴォーグ社◎著
定價280元

趣‧手藝 33

Party Time！女孩兒的可愛不織
布甜點家家酒：廚房用具×甜點
×麵包×Pizza×餐盒×套餐
BOUTIQUE-SHA◎著
定價280元

趣‧手藝 34

動動手指就OK！三秒鐘‧愛上
62枚可愛的摺紙小物
BOUTIQUE-SHA◎著
定價280元

趣‧手藝 35

簡單好縫大成功！一次學會65
件超可愛皮小物×實用長夾
金澤明美◎著
定價320元

趣‧手藝 36

超好玩&超益智！趣味摺紙大
全集─完整收錄157件超人氣
摺紙動物&紙玩具
主婦之友社◎授權
定價380元

趣‧手藝 37

大日子×小手作！365天都能
送の祝福系手作黏土禮物提案
FUN送BEST.60
幸福豆手創館(胡瑞娟 Regin)
師生合著
定價320元

趣‧手藝 38

100%可愛の塗鴉裝飾！
手帳控&卡片迷都想學的手繪
風文字圖繪750點
BOUTIQUE-SHA◎授權
定價280元

趣‧手藝 39

不澆水！黏土作的喲！超可愛
多肉植物小花園：仿舊雜貨×
人氣配色×手作綠意─懶人在
家也能作的經典款多肉植物黏
土BEST.25
蔡青芬◎著
定價350元

趣‧手藝 40

簡單、好作の不織布換裝娃
娃時尚微手作─4款風格娃娃
×80件魅力服裝&配飾
BOUTIQUE-SHA◎授權
定價280元

趣‧手藝 41

Q萌玩偶出沒注意！
輕鬆手作112隻療癒系の可愛不
織布動物
BOUTIQUE-SHA◎授權
定價280元

趣‧手藝 42

【完整教學圖解】
摺×疊×剪4步驟完成120
款美麗剪紙
BOUTIQUE-SHA◎授權
定價280元

趣‧手藝 43

9位人氣作家可愛發想大集合
每天都想使用的萬用橡皮章圖
案集
BOUTIQUE-SHA◎授權
定價280元

趣‧手藝 44

動物系人氣手作！
DOGS & CATS‧可愛の掌心
貓狗動物偶
須佐沙知子◎著
定價300元

趣‧手藝 45

初學者的第一本UV膠飾品教科書
從初學到進職！製作超人氣作
品の完美小祕訣All in one！
熊崎堅一◎監修
定價350元

趣‧手藝 46

定食、麵包、拉麵、甜點、擬真
美味100%！輕鬆作1/12の微型樹
脂土美食76道
ちょび子◎著
定價320元

趣‧手藝 47

全齡OK！親子同樂腦力遊戲完
全版‧趣味翻花繩大全集
野口廣◎監修
主婦之友社◎授權
定價399元

趣‧手藝 48

牛奶盒作の！美麗布盒設計60選
清爽收納x空間點綴の好點子
BOUTIQUE-SHA◎授權
定價280元

趣‧手藝 50

CANDY COLOR TICKET
超可愛の糖果系透明樹脂×樹脂
土甜點飾品
CANDY COLOR TICKET◎著
定價320元

趣‧手藝 49

原來是黏土！MARUGO的彩色
多肉植物日記：自然素材‧風
格雜貨‧造型盆器懶人在家
也能作的經典多肉植物黏土
ZAKKA.27
丸子(MARUGO)◎著
定價350元

趣‧手藝 51

Rose window美麗&透光：玫瑰
窗對稱剪紙
平田朝子◎著
定價280元

趣‧手藝 52
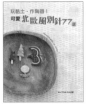
玩黏土、作陶器！
可愛北歐風別針77選
BOUTIQUE-SHA◎授權
定價280元

趣‧手藝 53

New Open‧開心玩！開一間超
人氣の不織布甜點屋
堀內ゆかり◎著
定價280元

趣‧手藝 54

Paper‧Flower‧Gift：小清新
生活美學‧可愛の立體剪紙花
飾四季帖
くまだまり◎著
定價280元

每日の趣味・剪開信封輕鬆作
紙雜貨你一定會作的N個可愛
版紙藝創作
宇田川一美◎著
定價280元

可愛限定！KIM'S 3D不織布動
物遊樂園（暢銷精選版）
陳春金・KIM◎著
定價320元

家家酒開店指南：不織布的幸
福料理日誌
BOUTIQUE-SHA◎授權
定價280元

花・葉・果實的立體刺繡書
以鐵絲勾勒輪廓，繡製出漸層
色彩的立體花朵
アトリエ Fil◎著
定價280元

袖珍食物＆微型店舖230選
黏土×環氧樹脂・袖珍食物＆
微型店舖230選
Plus 11間商店街店舖造景教學
大野幸子◎著
定價350元

可愛到不行的不織布點心
（暢銷新裝版）
寺西恵里子◎著
定價280元

雜貨迷超愛的木器彩繪練習本
20位人氣作家×S大季節主
題・一本學會就上手
BOUTIQUE-SHA◎授權
定價350元

不織布Q手作：超萌狗狗總動員！
陳春金・KIM◎著
定價350元

晶瑩剔透超美的！繽紛熱縮片
飾品創作集
一本OK！完整學會熱縮片的
著色・造型・應用技巧……
NanaAkua◎著
定價350元

開心玩黏土！MARUGO彩色多
肉植物日記2
懶人最愛經典多肉植物＆盆栽小
花園
丸子（MARUGO）◎著
定價350元

一學就會の立體浮雕刺繡可愛
圖案集
Stumpwork基礎實作：填充物
＋懸浮式技巧全圖解公開！
アトリエ Fil◎著
定價320元

家用烤箱OK！一試就會作的陶
土胸針＆造型小物
BOUTIQUE-SHA◎授權
定價280元

從可愛小圖開始學縫十字繡數
格子×玩填色×特色圖案900+
大圖まこと◎著
定價280元

UV膠飾品 Best 37
超實感・繽紛又可愛的UV膠飾
品Best37：開心玩×簡單作・
手作女孩的加分飾品不NG挑
戰！
張家慧◎著
定價320元

清新・自然～刺繡人最愛的花
草模樣手繡帖
點與線模樣製作所 岡理恵子◎著
定價320元

軟"QQ"襪子娃娃
好想抱一下的軟QQ襪子娃娃
陳春金・KIM◎著
定價350元

袖珍屋的料理廚房・黏土作的
迷你人氣甜點＆美食best82
ちょび子◎著
定價320元

可愛北歐風の小巾刺繡：47個
簡單好作的日常小物
BOUTIUQE-SHA◎授權
定價280元

不能吃の～袖珍模型麵包雜
貨：閒得到麵包香喔！不玩黏
土，搓搓麵！
ぱんころもち・カリーノぱん◎合著
定價280元

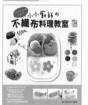
小小廚師の不織布料理教室
BOUTIQUE-SHA◎授權
定價300元

親手作寶貝の好可愛圍兜兜
基本款・外出款・時尚款・趣
味款・功能款・穿搭變化一極
棒！
BOUTIQUE-SHA◎授權
定價320元

手縫俏皮の
不織布動物造型小物
やまもと ゆかり◎著
定價280元

超可愛的迷你size！
袖珍甜點黏土手作課
関口真優◎著
定價350元

華麗の盛放！
超大朵紙花設計集
空間＆櫥窗陳列・婚禮＆派對
布置・特色攝影必備！
MEGU（PETAL Design）◎著
定價380元

收到會微笑！
讓人超暖心の手工立體卡片
鈴木孝美◎著
定價320元

手捏胖嘟嘟×圓滾滾の
黏土小鳥
ヨシオミドリ◎著
定價350元

無限可愛の
UV膠&熱縮片飾品120選
キムラプレミアム◎著
定價320元

絕對簡單の
UV膠飾品100選
キムラプレミアム◎著
定價320元

寶貝最愛的
可愛造型趣味摺紙書：
動物手指動動腦×
一邊摺一邊玩
いしばし なおこ◎著
定價280元

超精選！有131隻喔！
簡單手縫可愛的
不織布動物玩偶
BOUTIQUE-SHA◎授權
定價300元

靈活指尖＆想像力！
百變立體造型的
三角摺紙趣味手作
岡田郁子◎著
定價300元

暖萌！
玩偶的不織布手作遊戲
BOUTIQUE-SHA◎授權
定價300元